U0270523

俯察品类之盛

关注生物多样性

褚建君
李　蓓
　　　　著

上海交通大学出版社
SHANGHAI JIAO TONG UNIVERSITY PRESS

内容提要

本书以植物多样性为背景，采用诗文的手段来"俯察品类之盛"，关注生物多样性，是跨学科的考察与研究。本书分为"锄禾日当午""走进自然"和"古诗文中的生物多样性"三个部分。"锄禾日当午"，主要是一些有关生物多样性的随笔；"走进自然"，主要是对大自然的感述；"古诗文中的生物多样性"，则是发表于《新民晚报·国学论谭》的关于古典诗文中生物多样性的文章。本书的大多数文章已在报刊公开发表，文笔顺畅、内容风趣，可作为认知大自然、了解古典诗词和现代文写作的参考用书。

图书在版编目（CIP）数据

俯察品类之盛：关注生物多样性/褚建君，李蓓著.
上海：上海交通大学出版社，2024.8—ISBN 978-7-313-30989-1

Ⅰ．Q16-53

中国国家版本馆 CIP 数据核字第 2024SL7911 号

俯察品类之盛——关注生物多样性
FUCHA PINLEI ZHISHENG——GUANZHU SHENGWU DUOYANGXING

著　者：褚建君　李　蓓
出版发行：上海交通大学出版社　　　　地　　址：上海市番禺路 951 号
邮政编码：200030　　　　　　　　　　电　　话：021-64071208
印　制：上海新艺印刷有限公司　　　　经　　销：全国新华书店
开　本：880mm×1230mm　1/32　　　印　　张：7.25
字　数：128 千字
版　次：2024 年 8 月第 1 版　　　　　印　　次：2024 年 8 月第 1 次印刷
书　号：ISBN 978-7-313-30989-1
定　价：78.00 元

序一

褚建君老师是我在上海交通大学二十多年的同事，又和我大学同届，系生物专业本科和植物学博士毕业，长期从事普通生物学、生物学野外实习、地球生命等专业课程和通识课程的教学，在植物生态学和生物多样性等领域造诣颇深，讲课生动活泼，深受学生欢迎。而我本科是化工专业，尽管现在从事生物工程研究，但对生物多样性知识基本一窍不通，对褚老师善于识别不同植物、考证不同植物的能力向来敬佩，也经常和其聊及相关过往趣事，受益良多。

褚建君老师还酷爱学习诗词歌赋，平时种学织文，喜欢文学创作，特别是在创作旧体诗、考证古典文学中的相关生物知识方面硕果累累，在同行中享有盛誉。最初他把王羲之《兰亭序》中的"俯察品类之盛"翻译成"关注生物多样性"，在《新民晚报·国学论谭》刊出，让人耳目一新，相关内容获得不同专业人士的高度评价。之后他分析了《诗经》《楚辞》和其他一些诗文中的生物多样性、生物种类名称及演化等，别开生面，他还陆续发表了多篇文章。

我认为古典文学和生物学的结合是一项重要的科普工作，而我们所在的生命科学与技术国家级实验教学示范中心有义务在生物学科普方面做出贡献，所以鼓励褚老师将其历来发表的同类作品编辑成册，以专辑出版。它不仅是文学作品，还可作为科普书籍，让人们在学习文学时体会生物知识的趣味，有利于生物学知识的普及，让广大读者受益，拉近人和自然的距离。褚老师欣然同意在上海交通大学出版社出版《俯察品类之盛——关注生物多样性》一书，内容包括之前创作的"锄禾日当午""走进自然"和"古诗文中的生物多样性"三部分作品，涉及文学和生物学、文学和自然的交叉知识，也包含其对文学的理解、对生活的观测和对人生的思考。

褚老师热情邀请我为该书写序，相信每位读者在阅读后会有不同程度的收获，故勉力为之，谨作此序。

张雪洪于上海交通大学

2024 年 2 月 8 日

序二

　　这是我为褚建君第三次作序了，前两次是为他的诗集写，这一次是为他的文集写。这里面固然有他相信我、我认可他的因素在，但究其根本原因，还是在于"因缘"二字。"因缘"二字肇始于佛教，却已超出了佛教的范畴，成为人们的共识。

　　我和建君纯属萍水相逢，十年前，他经朋友介绍，怀着一探究竟的心态来到威海路上的静安书友汇，听我讲了一次诗词。想不到课后他就向我表达了想跟我学习诗词创作的愿望，并且在不久后，便约了三两朋友，请我吃了一顿便饭，喝了一点小酒，算是正式入了"胡门"。从此，他认我是教他诗词创作的导师，我则一直把他当作自己的诗友看待。这就有点像韩愈和贾岛的关系："（贾岛）一日于驴上得句云：'鸟宿池边树，僧敲月下门。'又欲'推'字，炼之未定，于驴上吟哦，引手作推敲之势，观者讶之。时韩退之权京兆尹，车骑方出，岛不觉得止第三节，尚为手势未已。俄为左右拥止尹前。

岛具对所得诗句，'推'字与'敲'字未定，神游象外，不知回避。退之立马久之，谓岛曰：'敲字佳。'遂并辔而归，共论诗道，留连累日，因与岛为布衣之交。"（《诗话总龟》）他们以"推敲"论诗，以"并辔"交友，亦师亦友，得其所哉！

我与建君的交往，整整十年，除了学诗、作诗、论诗，别无他事，讲究的就是一个"义"字；交往中的磕磕碰碰在所难免，但他始终认我这个老师，我也始终认他这个诗友，这就足够了。如前所说，这是我第三次为建君写序了，这在我的写序生涯中是从来没有过的，究其原因，除了彼此之间的一个"情"字，还能有什么呢？

在这里我最想说的是，尽管建君跟我学习诗词创作多年，且学有心得、学有所成，但我始终认为，对于一个颇有成就的生物学家来说，写诗充其量只能是他的科研生涯中的一个"余兴节目"而已，他不可能也没必要做到像鲁迅、郭沫若那样"弃医从文"。倒是应该向苏步青学习，苏老在数学领域的贡献有目共睹，但他在诗词创作和书法方面的造诣也绝非等闲。他在晚年印行个人诗集时，还是坚持在题签上加上"业余"二字，这样做绝对是有深意存焉。

令人欣喜的是，褚建君是个一说即悟的明白人，在与我做了一次深谈之后，便开始进行探索与尝试，就是把学到的诗词知识和创作实践融入自身的生物学研究之中，从而开辟一个新的研究领域，指向一个新的研究高度。如果我们把他多年前发表在《新民晚报？国学论谭》上的长文《俯察品类之盛》作为一个开端的话，那么，本书的出版就标志着他的崭新探索已经形成规模。

前几天，我在参加上海市政协原副主席方惠萍女士的书画艺术沙龙时说："我有一个习惯，就是人一激动，就想写诗。而且根据激动的程度不同，所用的体裁也不同。一般来说，小激动用绝句，大激动则用律诗。"当时我写的诗是这样的："敬古尊贤几度秋，贺诗一首赠同俦。惠风拂面泠泠爽，萍水探源汩汩流。书到随心凭觉悟，画多得趣赖绸缪。沙头唯作望洋叹，龙凤真传笔自由。"

这次，我同样为建君写了一首七律，足见我对建君这本新书的认可程度了。诗曰：

> 总是因缘水聚萍，推敲并辔马彭彭。
>
> 十年交往十年义，三度批评三度情。
>
> 俯察纤尘知品类，历经真火得金睛。
>
> 吟诗不过雕虫技，旋目望洋待驾鲸。

诗的内容，实际上就是我在前面说的那些话。建君看了之后，当即步韵作答：

威海生根竟有萍，邯郸四牡亦彭彭。

恩师赐玉多陶冶，学子献芹惟感情。

洒洒万言书品类，昏昏一目炼明睛。

山重水复十年远，心海无边可踏鲸。

以诗言志，以诗叙情，以诗酬唱，俨然是当今诗坛、科坛的一段佳话。是为序。

胡中行

2024 年 5 月 8 日

前 言

    王羲之的"俯察品类之盛",被我翻译成"关注生物多样性",曾作为一篇文章的名字,现在又拿来作书名。这篇文章是浅析古典诗文中的植物多样性,整篇发表于《新民晚报·国学论谭》。

    我从 2009 年起,就在上海交通大学开设了一门通识教育核心课程"地球生命",不久就由上海交通大学出版社出版了同名书。"地球生命"是讲述生命的由来和现状的,关注生物多样性和生物与环境之间的相互关系。其中涉及我国古代知识分子对于生物多样性和大自然的认识,便以王羲之的"俯察品类之盛"为切入点,分析《诗经》《楚辞》和其他一些诗文中的生物多样性。说来有趣,当向学生问及"俯察品类之盛"的意思时,有的学生满脑子都是"流觞曲水"的场景,一群文人雅士在饮酒,需要下酒菜呢,低头一看,全部都是好吃的。这样写,不是怪学生,而是觉得在我们的知识结构或认知实践中,所谓"专业"的分类过分细。

我国的古代文明，是基于农业文明而存在和发展的。就是到了 20 世纪 80 年代，我国的人口依然有 98％是"农村人口"。这样的背景，反而使我们的文化根植于大自然的土壤，在大自然当中得到滋养。如《诗经》，按照孔子的说法：多识于鸟、兽、草、木之名；如《离骚》，按照王逸的说法：依《诗》取兴，引类譬喻，故善鸟香草，以配忠贞……所以，古代的知识分子想要写诗文，想要表达一些思想，离开了大自然，离开了生物多样性，是难以想象的。现代的知识分子，由于学科越分越细，多的是专家，少的是学者，就算是一个学生命科学的人，也较少有关注生物多样性的，较少去"俯察品类之盛"的。

我业余喜欢写写诗文，复旦大学出版社和上海文艺出版社等出版过我的 3 部旧体诗集，《新民晚报·国学论谭》也发表过我的许多文章。我的这些诗文，自然是以我熟悉的内容为写作对象的，而我最为熟悉的莫过于大自然和生物多样性。一方面，我出生于浙江丘陵地带，六七岁就牧牛砍柴，牧牛让我认识了草本植物，砍柴让我认识了木本植物；另一方面，我大学学的是生物专业，硕士生和博士生阶段，更是以植物学为主要的学习对象。另外，我在家中南北两个露台上种植了许多作物，这些作物的生长发育不仅能够让我身心愉悦，还能够让我感知一年四季节气的变化。所有的这一切，让我对大自然和生物多样性充满了感情，并把这种感情付诸笔端。

李蓓博士，是我的同事，多年来一直与我一起工作。在教学方面，她不仅深入课堂，还参加、指导天目山生物学野外实习项目；同时，她也不断撰写一些文章，在学校的历次征文比赛中获奖。本书也收录了她的作品。

本书分为"锄禾日当午""走进自然"和"古诗文中的生物多样性"三个部分。"锄禾日当午"，主要是一些有关生物多样性的一些随笔；"走进自然"，主要是对大自然的感述；"古诗文中的生物多样性"，则是发表于《新民晚报·国学论谭》的关于古典诗文中生物多样性的文章。

褚建君于上海交通大学

2024 年 1 月 1 日

目录

锄禾日当午

走进自然

古诗文中的生物多样性

锄禾日当午

锄禾小说

锄禾日当午，汗滴禾下土。

谁知盘中餐，粒粒皆辛苦。

这是唐时李绅（772—846）所写的诗歌《悯农》二首之一，妇孺皆知。我在大学教授生物学，喜欢将科学的发现与相关技术的发明结合起来，论述它们对人类社会发展作出的革命性贡献。在讲到植物激素的发现和之后除草剂的发明对现代农业产生划时代影响的时候，必定要引用李绅的这首悯农诗。出乎我的意料，绝大多数的学生都不明白"锄禾日当午，汗滴禾下土"的意思。

是的，按照文字上的意思来翻译，"锄禾日当午，汗滴禾下土"就是农民在正午烈日的暴晒下锄禾，汗水滴落在禾苗生长的土地上。这个意思谁能不懂？可是，当追问"锄禾"是什么意思？为什么锄禾要"日当午"，而不是在早晚气温较低的时候？基本上就没有人答得出来。

准确地说，"锄禾日当午，汗滴禾下土"反映了传统农耕条件下，农民必须在正午太阳高照时除草的辛苦。"锄禾"实际上是除草的意思。但"禾"毕竟不是"草"，否则直接用"锄草日当午"就可以了。这里关系到动词"锄"的用法："锄"在这里是"为动词"，也就是"为禾锄（草）"。这种用法在古文当中并不少见，如屈原的《国殇》，这个"殇"是"死"的意思。但把"国殇"翻译成"国家死了"是不对的。"殇"也是"为动词"，"国殇"应该翻译成"为国去死"。为什么除草必须是在烈日高照的正午呢？农业上把这种锄禾的行为叫作"中耕"。意思是当禾苗长到一定程度的时候，需要用锄头为它松土，以便使根系能够较好地生长。松土的时候，顺便把杂草锄掉。一天当中早晚的时候，虽然气温低，有时候还会有露水出现，农民虽然不会被烈日熏烤，但被暂时锄掉的杂草也容易活转过来。所以，锄禾最好是在"日当午"了。漫长的农业社会之中，农民需要经常性地除草，付出现代人难以想象的艰辛。所以，"锄禾"这种劳动形式，才会使人联想到盘中餐的"粒粒皆辛苦"。

行文至此，突然想起"四体不勤，五谷不分"的句子来。这个成语出自《论语·微子》。据说，孔子曾经带着他的学生周游列国，一天子路掉队，遇到一老农，就问其见到他的老师没有，老农说："四体不勤，五谷不分，孰为夫子？"

一首幼稚园的小朋友都普遍会背诵的古诗，一首成年人也顺理成章将之当作幼稚园水平的古诗，居然还有如此的解法，想想不禁莞尔。这不是文字功底的问题，而是我们离开大自然、离开生产实践实在是太远了。"四体不勤，五谷不分"，信乎?

简说竹子

梅兰菊竹，在吾国的文化之中，被称为"四君子"。梅兰菊，都是花，而竹不是。竹子不是不会开花，而是难得开花，开花之后便死亡。这副德行，与同属禾本科的水稻、小麦、高粱、玉米、狗尾草等一模一样。

历代的中国画，似乎是没有见到画竹子的花的，只有寥寥一至数茎竹竿，长了些许叶子。那些叶子的画法，不外乎"个"型与"介"型，表面上看起来十分的简单。扬州有个盐商建立的私家园林，叫作"个园"，其中的"个"字就是竹子的意思。有一本画谱叫作"芥子园画谱"，流传300多年，影响甚广，窃以为"芥子"来源于"介子"，也就是与竹子有关。拥有"东坡肉"发明专利的发明家苏东坡说："宁可食无肉，不可居无竹。"充分说明了竹子对于地球上人类的重要性。

地球上的人类，是生物漫长进化的结果。而人类最最喜欢的野生动物——猫熊，则是史前留下来的孑遗动物。这个猫熊，实际上是非常的不适应现在的环境了。

一是它成天玩，不知道谈情说爱，很难发情交配而产生后代；二是它成天吃，却只是吃竹子，而不肯享受猪牛鱼虾。竹子，虽然能够娱乐附庸风雅的人类，却是没有多少的营养与能量。为了达到生存的目的，猫熊必须长时间地吃这种风雅而不实用的东西。一只猫熊，每天花费 16 小时吃竹子，每天吃进 20 千克。当然，有进有出，排出的数量也是不在少数。猫熊的进化，走入了一条绝路之中，我觉得，真正要保护猫熊的话，要驯养猫熊少吃竹子，多吃五谷杂粮，甚至多吃肉。

人类在喜欢梅兰菊竹的文化之外，对于竹子还有一种现实的功利的喜好，就是喜欢吃竹笋。竹笋有其他食物不具备的特种氨基酸，所以有特别的鲜味。对于现代人来说，它低能量、富含纤维，是一种有利于"保健"的山珍。可是，笋是什么？不是所有的人都清楚的。

竹子除了地上茎，也就是竹竿，还有地下茎，也就是竹鞭。竹鞭，既然是茎，必然有顶芽和侧芽。地下的竹鞭，长伐长伐，会有一个"头"露出地上来。有经验的人，会在竹鞭的头将露未露的时候找到它，挖了出来，这便是鞭笋。鞭笋在夏日的时候比较多见，剥去了笋壳之后是洁白无瑕的，炒了下酒，其鲜美真的是无以言表。既然是茎，也处于地下，竹鞭自然也会有侧芽。这侧芽在冬季生长，尚未破土而出，被人挖了出来，便是冬笋；这侧芽在春天生长，终于破土而出，被人掘了出来，便是春笋。冬笋与春笋，烹饪得当，便有万种风情，难以言说。

曾经，因为食物资源的整体匮乏，冬笋与春笋都是人们争相挖掘与摧残的目标。因此，一个小小的芽儿，若是最终能够发展成为一株新的竹子，必定是历经了千难万险。这与达尔文的因繁殖过度而导致的"生存斗争"毫无关系，只是一种运气罢了。运气差，被人发现，成为餐桌上的佳肴；运气好，没有被人发现，成为山谷之中一株亭亭玉立的修竹。当竹子连成茫茫的一片，山岚吹来，哗哗作响，那是一种非凡的景致。

竹子的无性繁殖能力十分强大，会快速扩张它们的地盘。在当今植被受到普遍保护的背景之下，竹子强大的生命力，会很快吞噬森林其他物种的领地。所以，请大家放心吃，吃竹笋是保护生物多样性的积极行动。若是你喜欢猫熊，喜欢猫熊的快乐生活，并且牙口好，也建议你直接食用竹子。

窗台上的麻雀

由于一早不需要赶去上班，我可以睡觉到自然醒，因而夜里总是将厚厚的窗帘低垂，天色亮了犹如未亮。这样，秋冬之际，自然醒来的时候总是在 9 点到 11 点之间。可是最近不行，总有几只叽叽喳喳的麻雀吵闹在我的窗前。被几只麻雀吵醒的时候，抬腕看手表，未到将到 7 点。恨死我了。

这个麻雀，当初曾经是"四害"之一，它要偷吃田间的粮食。为了消除麻雀之害，人民战争是最为有效的手段。在一定的地域之内，大家约定，每家每户拿出脸盆使劲敲。这边敲响了，麻雀被惊，呼啦啦逃走。逃啊逃啊，飞呀飞呀，累个半死，刚要停下休息，那边的脸盆复又敲响。反复多次，那些飞翔之徒便纷纷累死，从天上掉落人间，成了桌上的美味。

麻雀褪毛之后，可以红烧，味道鲜美。但最妙的食用方法，是剖腹而不褪毛。将去除内脏的鸟儿，用粽叶包裹，外涂湿泥，去火中烤。这火，可以是明火，也可以是炭火。烤熟的麻雀，不用吃、不用闻，只要想一想，就是风情万千。

小时候牧牛，冬天的时候没有野外的芳草可供牛儿吃，只好把牛关在牛棚里。早晚牵牛出去饮水，其他时间在牛栏之间塞上干净的稻草，让牛随时享用。于是，关牛的牛棚内，一般是牛够不着的高一点的地方，囤积了许多牛粮——稻草。设想一下，这么一个堆满了干稻草的所在，在大雪纷飞的冬季，应该是怎么样的一个神奇地方。且不说青年男女在稻草堆里自由地恋爱，就是那挨饿受冻的麻雀，也会纷纷飞进栖息。我们三两个小孩，守住门框，用赶牛的竹鞭拼命上下飞舞。那些受惊的鸟类欲夺门而逃，便纷纷被杖毙在我们的赶牛鞭之下。真是美妙的经历啊。

后来，我学了生物学，知道了生物多样性什么的，并且靠着生物学谋生，知道麻雀也是生物多样性的一种，不可扑杀。自此，对麻雀温柔了起来。有一年，我在露台上种植牡丹。天气转暖的时候，牡丹萌芽长小叶子。可是，小叶子长多少，就被麻雀吃掉多少。那一年，就没有一朵牡丹花开。后来，我种菜、种葡萄，麻雀依然是不请自来。我想到了一个办法：在露台上撒上大米。鸟儿看见大米自然就吃大米了，就放过了我的植物们。

曾经，我弄来一把气枪，瞄着麻雀射击。我的枪法且不说，至少现在是不打了。天晴的时候，麻雀会落在我的露台上，三三两两毫无防备地散步，不怕我。可是，春天来临的时候，窗台上麻雀的叽叽喳喳，却弄醒了我。真不知道是喜欢呢还是讨厌！

萍

　　萍，即浮萍，泛指浮萍科的所有植物。由于它能够开花结果，自然就属于被子植物。浮萍在水中生活，个体小，全身能够从环境之中吸收水分和无机盐，所以根系退化，乃至无根。正因为它根系退化乃至无根，便漂浮于水面之上。水流到何处，它便到达何处。哪里是故乡？记不起来了。历朝历代的文人，普遍地将这种植物用来比喻不可捉摸的命运，以及飘零的人生。

　　如杜甫《东屯月夜》诗，有"抱疾漂萍老，防边旧谷屯"。文天祥《过零丁洋》写道："山河破碎风飘絮，身世浮沉雨打萍。"李景福《暮春遗意》诗，有"三春看又尽，身世一飘萍"。宁调元《清明忆亡友姚宏业》诗，有"百二山河同败絮，两三亲友各飘萍"。纳兰性德的《摊破浣溪沙》更是愁肠百结，浮萍在他的词里，担任了不可或缺的哀婉的角色："林下荒苔道韫家，生怜玉骨委尘沙。愁向风前无处说，数归鸦。半世浮萍随逝水，一宵冷雨葬名花。魂是柳绵吹欲碎，绕天涯。"

自然，人世间也是不乏乐观主义的。"护花使者"白居易写浮萍的调子，就与常人大不相同："小娃撑小艇，偷采白莲回。不解藏踪迹，浮萍一道开。"这种直白而深远的境界，使人悠然神往。无聊的时候，我读一些诗歌，有关浮萍的，最爱李清照。她的《怨王孙·湖上风来波浩渺》是这样写的：

湖上风来波浩渺。秋已暮、红稀香少。水光山色与人亲，说不尽、无穷好。莲子已成荷叶老。青露洗、萍花汀草。眠沙鸥鹭不回头，似也恨、人归早。

好一句"萍花汀草"！原来李清照是知道这种小小的植物会开花的。会开花，自然会结果长籽。今天，正值我养殖的浮萍开花，心下欣欣然。

起初，我见我家露台上的水稻田太过落寞寡趣，便利用回家乡的机会，捞了几株小小的浮萍，装在矿泉水瓶子里带回上海。没想到，这浮萍的无性繁殖能力超强，不到一个月的时间，我的稻田里面就挤满了无限可爱的浮萍了。谁说浮萍就是飘萍？飘萍就是没有根？我家的浮萍分明就是有根的。五律一首赞浮萍：

何处伴微风，青青野水中。

浮沉形有致，进退势无穷。

身小趋千里，愁长付一空。

谁云漂泊客，不得傲苍穹。

香榧子

近日展示了一首关于香榧的拙作，居然引起了不少朋友对于香榧的兴趣。虽然我这"诗"的形式几乎被忽略了，没有得到夸赞，但"香榧"的内容被重视了，也是一件欣慰的事情。

今日品香榧，家乡故人来。

诸友应无恙，何时可共杯。

相聚苦日短，嘉果壳成堆。

思彼玲珑树，不畏风雪催。

德膏以自泽，我欲园庭栽。

万物恋故土，明此心实哀。

这首古诗，是收到老家诸暨的特产香榧子后而信手写下的。人之于外物，有的比较了解，有的则不甚了解。有的在了解和接触的过程中，会产生一些情愫，有的则视若无睹，遇见了如同没有遇见一般。这也真的是非常奇怪而又司空见惯的事情。

少时过年的光景，在一大堆带壳的花生里面，会发现些许橄榄形状一般的坚果，食之，味道怪怪的。有点香，有点涩，有点硬，有点脆。大人说，这是香榧子。这香榧子虽说是产自诸暨，可是据我所知我们那个地方是不产的呀。也许是"物以稀为贵"吧，在一大堆花生之中，我总是先把香榧子挑出来吃掉。

我大学毕业开始工作的头几年，在诸暨乡下的一个农业中专里教书。突然来了一位客人，是大学时代的王同学。不知道他是怎么找得到我这样的一处所在的，当时不要说手机，连电话也没有。王同学说，他在中国科学院植物所攻读博士学位，研究的内容与香榧有关，所以出差到香榧的特产地诸暨来了。哎呀，他当初是想，这么个香榧就是我博士论文的题目啊，还不如让我来做。想归想，也是空想，这香榧却与友情挂上了钩。如今，每次吃到香榧，都会想起王同学到偏僻的乡下来访的情形。

后来，随着改革开放的不断深入，本来匮乏的物资奇迹般地多了起来。这也包括许多吃的东西。什么黑鱼白鱼、什么基围虾罗氏沼虾、什么梭子蟹大闸蟹、什么乌龟鳖鱼，统统不知道从哪里冒了出来。诸暨的"物以稀为贵"的香榧子自然也是多得一塌糊涂了。然则，香榧子的价格一路飙升，最贵的时候甚至有卖到250元1斤的。还有一个传说，某个山里的某个村子有一棵古老的香榧树，被中国台湾同胞"包"了，一粒香榧子卖 10 块钱。再后来，其他较远的地方对于香榧子这种诸暨的土特产也有了一定的好印象。于是，我开始每年买上一些，分送给朋友们品尝。

香榧子，一般被当作干果类或坚果类的食品。其实，这是个不大不小的误解。因为香榧子不是果实，而是裸露的种子。作为裸子植物的香榧，它的种子即香榧子，是没有果皮来包藏的。香榧子坚硬的外壳，是种皮而不是果皮。这种与红豆杉同属于一科的植物，是中国特有的树种，分布范围也是非常的有限。至于优质的香榧子，只产于浙江省诸暨市的部分山区。而且，香榧子号称"三年果"，即一年开花、一年结果、一年成熟。如此看来，它确实是有"物以稀为贵"的资格的。

我最讨厌分析食物的营养价值。因为按照营养学家的解释，白菜、萝卜都如人参一样，具有什么什么好得不得了的功能，如同卖狗皮膏药似的。在我看来，吃香榧子是一种风味、一种情趣。你捏碎了种皮，会看见黑色的"包衣"。这"包衣"一般是要被刮去的，其实却是可以食用的。扔一粒香榧子到嘴巴里面，一咬，有点硬。再咬，便是脆了。嚼了几下，除了有些裸子植物特有的树脂清香之外，似乎没有别的什么味道，只好囫囵吞下。这么贵的东西，吃了一粒居然连啥味道都没有品出来，心有不甘，只好再吃一粒。于是，在一粒又一粒之间，面前的一大堆便在不知不觉中被消灭了，只留下破碎了的"外壳"和粉末状的"包衣"，一片狼藉。

　　能够吃到香榧子的季节，已是深秋，气温开始下降。在某个午后，在某个夜里，正餐过后的一段无聊的辰光，也许会想起烤个火，弄点什么不太会撑肚子的"干货"来吃吃。这个时候，香榧子就是最好的选择。最好最好的香榧子，用来填补最最空虚的时光，又怎能少得了一瓶好酒呢？

萤火虫

萤火虫是什么虫？有人问我。为什么问我？因为我是生物学博士。真是不好意思，我是难以说清楚的。恐龙，老早就消失了；萤火虫好像也是老早就消失了。只不过恐龙大，萤火虫小；只不过，恐龙我没有见过，而萤火虫是在孩提之时见过的。

孩提之时，山村里面没有路灯。但是，夏天的夜晚，天上的银河灿烂无比。人们在村前的道路上面，三五成群地凑在一起，说些轻松的话题。既没有股市的深不可测，也没有政坛的深不可测，更没有学界的深不可测。大人们在说些《水浒传》《三侠五义》《隋唐演义》的时候，儿童们就往来追逐。为了驱赶叮人的蚊子，经常会有一把艾蒿在周边燃起。这时候，皓月当空，或是繁星满天，青烟袅袅，时光似乎是永驻在了这与世无争的一方土地之上。

蛙的叫声，似乎是漫山遍野而来。儿童的心思，在倾听蛙鼓的时候，飞到了山的外面。虽然，他也不知道这山的外面是怎么样的一个世界。现实是现实的，将一只红薯埋进一堆燃烧着的稻草里，会有香味慢慢地从中散发出来。那是无限美好的希望，那是无限专注的期待。然后，在你希望的时候、在你专注的时候，有人在你的背上推了一把，你的手掌就深入稻草堆的火的世界里面去了。至今，我不愿意吃烤红薯，因为记忆中，那是我被烤起了泡的手掌。

萤火虫是雪中送炭的安慰。那点点滴滴，那群星之下的上下飞舞，如梦如幻。这个季节，也正是小麦收割了之后的季节。有人捉住许多萤火虫，将它们塞进麦草管子里面。萤火虫在里面是闪亮啊，闪亮啊，又闪亮，无限的美丽。到第二天的早上，麦草的管子里面，只留下了一串难看的昆虫尸体。

本来，萤火之光难以与日月争辉。只是，既然已经是只萤火虫了，难道就不发光了吗？

小荷

　　2014 年 7 月 27 日的《新民晚报·国学论谭》，整版刊登过拙作《说莲》。我对莲这种植物是比较喜欢的。莲，也叫莲花、荷花、莲藕。当夏天到来之际，半亩方塘乃至绵延十里的莲叶田田、菡萏玉立、荷花开放，是令人无限喜悦的事情。

　　我曾经写过一首七律《莲》：

　　　　池塘风起正清秋，菡萏亭亭开未收。

　　　　曼舞烟波十里阔，平添宫阙万般柔。

　　　　灵根自古无遗恨，禅意由来不识愁。

　　　　一片雨声如约至，谁人与我共扁舟。

　　也曾经写过一首《别情》：

　　　　不堪秋雨奏琵琶，与子无眠共醉茶。

　　　　明日别离江海远，有家从此若无家。

写这"秋雨奏琵琶"句子的时候，脑子里面是一幅雨打残荷的景象。如此看来，我对莲的情愫是偏向伤感多一点的。我自己反复思考这个问题，为什么我会弱视"接天莲叶无穷碧"的大好景象呢？为什么生性豁达的我，想起莲，会在下意识之间流露出伤感的情怀呢？

当我花了人民币 150 元，将一株盆中的莲（我叫它小荷）带回家里之后，才算是明白了。因为莲这种东西，是接天而生，一般是不可能如月季一样地加以盆栽的。你想要看"接天莲叶无穷碧"，只有去到野外，去到骄阳直射或水汽氤氲的地方。那实在是难得一遇的际会，于是我心中便会生出淡淡的遗憾来。

等到大暑之后七月流火，气温慢慢地低下去，等到一池秋冬交际的冷水毫无生气地死在了那里，连半条游鱼都不见，我看到残荷又会生出些岁月凋零、日薄西山的感受来。在这样的时候，什么"清水出芙蓉"一样的句子，是根本想不起来的。在无限的萧瑟之中，"鱼戏莲叶东，鱼戏莲叶西"更加成了一个遥不可及的神话故事。

连续三天的雨，使我的小荷变得清亮起来。我倚着落地玻璃的移动门，长时间地观望着雨珠在荷叶上的动态。原来，我的野心，是想把"接天莲叶"私藏在自己的空间。

七律 小荷

玲珑最是雨中荷，珠落珠生无限多。

天水满盆真有幸，人生一遇实多磨。

亭亭姿态舒华叶，袅袅神情带酒窝。

都市晚来风正急，高台独倚唱山歌。

如意菜

上海人把豆芽菜，叫作"如意菜"。因为豆芽的形状，像"如意"的样子，乃讨个口彩。豆芽，最是平常不过的了，却也是有一些不平常之处。

小时候吃到豆芽，是很不容易的。那时候没有农贸市场，只有供销社。供销社不是一般概念的商店，而是按照国家计划而"供应"物品的一个地方。豆芽，是鲜活的东西，难以较长时间储存，所以，供销社里一般没有豆芽出售。要吃到豆芽，必须自己花时间用豆子来制作。这之间的细节且不说，至少要有一定的时间吧？于是，在我的记忆里面，吃到豆芽，一般是在隆重的节日。换言之，吃到豆芽了，那就是一种隆重。

后来，改革开放了，允许副食品、蔬菜买卖了。这也是有个过程的。比方说，有的地方，养3只鸭子属于社会主义，养4只鸭子就属于资本主义了。因为3只鸭子生鸭蛋自给自足，4只鸭子生鸭蛋就吃不完。吃不完就要去卖，一卖就是"投机倒把"，就是资本主义。雇7个人干活，是个体户；雇 8 个人，就是资本家。这是真实的历史。那么，豆芽在其中扮演了什么角色呢？

豆芽太小，被人看不上。于是，有胆子大的，就自家多培养出一些豆芽，在路边卖。也算是个擦边球吧？卖豆芽的路边，其实就是现在农贸市场的发祥地。卖豆芽，看起来毫不起眼，却使一部分人先富了起来。

但是，这个豆芽要做得好是不容易的。一粒豆子，就是双子叶豆科植物的种子。它的 2 片豆瓣，就是子叶。豆子发出来的长长的"芽"，其实不是芽。芽是 2 片子叶之间的绿绿的小东西。那么是根？也不是，根只是那个长长的部分的末端。一开始的时候，许多长长的部分的末端都有分叉，那个地方就是根，分叉则是侧根。而光溜溜的豆芽的主要部分，也就是可食用的主要部分，是胚轴。所以豆芽不是芽，也不是根，主要是胚轴。为了防止豆芽的末端生出毛茸茸的侧根来，现在有了许多办法。

1 粒豆，含有许多能量。以前的猎人和战士，喜欢炒黄豆作为随身携带的干粮，就是这个原因。当豆子变成豆芽，它的能量消耗了不少，却多出不少营养物质来。所以现代人要减肥，或防止肥胖，豆芽是个好食物：营养丰富却能量很少。

知道了豆芽的这些，哪怕吃起来是如何的寡淡，感觉上也应该是饶有趣味的了。上海人说得好：豆芽菜，如意菜！

我的牛

我在读小学之前，就牧牛了。阡陌纵横，我牵着牛绳，引导着牛吃草。看着这个庞然大物的牛，心下怕怕。有时候，一不留神，这个庞然大物，会踩到我的脚背。说来，真的是奇怪，这牛非常的温柔，它居然知道踩在了我的脚背上，非常快地提起了它的脚，不让我有丝毫的痛苦。牛的温柔，比护士姐姐给我打针要细心百倍。

之后，我知道了怎么骑牛。我是光着脚丫子去牧牛的，我跟牛讲了一句什么话，现在记不得了。只记得，我讲了一句什么话之后，牛就会垂下它的头，我光着脚丫子踩在牛的尖尖的角上，我的牛就会把它的头一抬，我就顺势骑到牛的背上了。于是，"驾!"我用毛竹的枝条抽打我的牛，要它跑多快，就有多快。这样说来，似乎我对我的牛比较残忍，其实不然。

生产队的牛，是要干活的。什么农事活动，我也讲不清楚。我只是到我的牛干活的地方，去等待它干活完毕，也就是看着我的牛是怎么劳作的。那个用我牛的农民，一鞭一鞭地抽我的牛，我在田埂上泪如雨下，好心疼。终于等到我的牛干完活了，我就牵着它去找草吃。这个时候，接近黄昏，哪有"月上柳梢头"的浪漫，只有漫天的飞虫来侵略我的牛。我就用一根牡荆的枝条，去驱赶那些飞虫。在牛的脚部，会有牛虻，吸牛的血。我就耐心地一个一个捉住它们，要么直接挤死，要么把它们活埋在路边的沙石里。我的牛甩着尾巴，我也是开心万分。

我养的最好的一头牛，是公水牛。它被我养得圆鼓鼓的，黑漆漆而毛色发亮。它给我挣足了面子，远近三村的牛都怕它，只要牛们打架，它没有不赢的。只是，有一些行为，我看不懂。春天到来的时候，我把牛从牛栏里面牵出来，让它到积水的农田里面去吃一些鲜活的东西，如收割了的紫云英的残枝。因为整个冬天它只是吃干稻草，我觉得蛮可怜的。

后来，生产队长说我养牛水平高，就交给我一头儿童牛，而且是母的，体弱的。不要说我，就连使用它耕田的师傅，也不忍心打它，那我就更加不好意思骑它了。看它走路都吃力，我也是百般无奈啊。生产队为了养好它，居然酿酒给它吃。每天下午，我弄一脸盆的米酒，端给我的牛吃。自然，我自己先要趴在脸盆里面咕嘟咕嘟地喝个痛快。这个贪污，是人的天性，不要说人与人之间，就算是我与可怜的牛之间，也是要雁过拔毛的。与畜生争食，我童年就干了这样的坏事，这也是真实的历史。

我当初养的牛干不动活了，村里人把它弄在一个空地上，许多人都来围观。大人们用一块白布，包上了牛的眼睛。在被包上眼睛之前，我曾经的牛，在流泪。它不会如西班牙被斗的牛一样来一下最后的疯狂，它只是安静地站着，默默地流泪。大人们在它的四脚缠上一些绳子，一拉，倒了。尖刀捅向它的喉咙，我的牛死了。

我多年不吃牛肉。

逮泥鳅

　　有时候觉得，英文的表达比汉语的表达要方便多了。你想，fishing，是什么意思？总不能简单地就说是捕鱼吧？要是我用各种各样的法门去"逮到"那个泥鳅，就不得不仔细地慢慢分解。

　　钓泥鳅，自然是最为稀松平常的一种方法。钓鱼的人都知道，不同的鱼有不同的食性，它咬到饵料时的行为自然也是迥异。如鲫鱼，它总是小心翼翼地，对着饵料似咬非咬，于是我垂下的钓鱼线上的浮漂便是小幅度地上下浮沉。待到鲫鱼决定咬踏实了，也就是把鱼钩的尖端吞进嘴巴里面了，它就急速地斜着往上运动。这时候的浮漂便突然地直线浮了起来。我赶紧抓住机会，一提吊杆，那鲫鱼就翻腾着优美的身姿，跌出水面来了。要是泥鳅，远没有这么复杂，它一口吞进饵料就不再吐出，开始在原地扭曲身体跳起迪斯科来。自然，这泥鳅便跑不掉了。要是非常清澈的池塘，我可以看见一条一条的泥鳅在池塘壁上的石缝里面休息。我把饵料精准地扔到它的嘴巴面前，它想都不想，会把鱼钩一口咬住。

用工具去兜泥鳅，这种 fishing，我都想不出合适的汉语来。一般使用如同露宿帐篷一样的工具，只不过其材质是尼龙网。这个帐篷一样的东西，上下左右与后面共 5 个面，是由尼龙网围住的，只留前面的部分是空着的。把这个工具放到泥鳅出没的水里面去，再用一个嗒嗒作响的器具，把鱼儿往帐篷里面赶。提起来的时候，也许空空如也，也许会有 1 斤多的泥鳅连同别的傻鱼在里面挣扎。当然，偶尔，也会逮到爬行动物。

用一排针去"斩"泥鳅，是饶有趣味的。这种方法，要求做一把"刀"。这刀，是用几十根缝棉被用的长针，将它们排成一排，固定在一个竹条上。当夜幕降临，青蛙齐鸣，萤火乱飞，我就出发了。手电是必需的，或者用火把，或者用废弃车轮的橡胶条燃烧着照明。我脚步轻盈地在阡陌之间行走，弯着腰仔细观察阡陌边上的沟渠，努力寻找正在睡眠之中的犹如潜艇一般静止不动的泥鳅。一刀下去，那泥鳅便会在一排针的刺激里，完全苏醒过来了。我把针上挂着的泥鳅摘下，扔进装鱼的筐里，真是一种奇异的满足。

泥鳅，之所以叫作泥鳅，一定是与泥土有关系的。南方的地区，以种植水稻为主。在种植双季稻的地区，则又分早稻和晚稻。早稻是长日照植物，必须在上半年种植；晚稻是短日照植物，必须在下半年种植。晚稻种植的前期，稻田里面必须有水，自然就有泥鳅了；晚稻种植的后期，稻田里面必须排水，泥鳅自然就钻进泥土里面去了。于是，我在水稻田排水的小沟里，去连片地翻那泥土。翻那泥土的时候，会逮着不少温柔的泥鳅。虽然，也会无意中逮到一条泥蛇。

吃泥鳅最简单的方法，自然是清蒸。但是，清蒸的泥鳅必须赶紧吃掉。要是逮到的泥鳅多了，最好是烤，在油中慢慢烤。烤出来的泥鳅，不仅香味十足，还有利于保存，下酒最妙。有的时候，逮到许多泥鳅的少年儿童，一根一根地去开膛剖腹就没有耐心。于是，在清水里面多养几天，当其消化道内的物质排干净了，再去烤。有的人，还发明了一种特殊的吃泥鳅的办法：将活泥鳅与一大块豆腐一起清蒸，当泥鳅感觉到热得难受的时候，就会钻进豆腐里面去。不过，这种貌似残忍的烹饪手段，我一直没有使用过。

扬州鹤

苏轼担任杭州通判时，到附近的於潜视政，写下了《于潜僧绿筠轩》：

宁可食无肉，不可居无竹。无肉令人瘦，无竹令人俗。人瘦尚可肥，士俗不可医。傍人笑此言，似高还似痴。若对此君仍大嚼，世间那有扬州鹤？

其中，"若对此君仍大嚼，世间那有扬州鹤"包含 2 个典故。据《晋书·王徽之传》的记载，王羲之的儿子王徽之，为人高雅，生性爱竹。有一次，他刚刚住进一座空宅之中，便马上叫人来种竹子。有人问其缘故，他不予正面解释，只是指着竹子说："何可一日无此君！"传说，曾经有四个人谈论平生最快意之事，一人希望发财，一人宁愿骑鹤做神仙，另一人希望做扬州太守，最后一人说："腰缠十万贯，骑鹤上扬州。"意思是三者得兼。所以东坡感叹道：若对着竹子还有好肉吃，岂不美过头了？这人世间哪有既当官又发财，还能够自由自在地骑鹤变神仙的呢？

大学毕业工作之初，我很是过了几年悠闲的日子。白天不需要坐班，课时数也很少。于是围棋、麻将、足球、钓鱼，玩得是一塌糊涂，自然吃吃喝喝更加是必不可少的。在这样悠闲的日子里一天一天地消磨下去的时候，心底里是知道的：我的青春也是在一天一天地消磨下去。可是，当时却找不到法子来改变这既定的命运。于是在一次微醺之际，我模仿苏东坡，写下了几行自嘲的句子：

食不可无肉，居不可无竹。无肉令人瘦，无竹令人俗。但得天天肉，但得天天竹。要是两者不可兼得，宁愿天天肉，去了他的毛竹！

我江湖浪迹十多年之后，终于在沪上安居乐业。我于2002年初买的新房子，赠送了南北两个露台。我在北边的露台上，专门砌了一道矮水泥墙，围出一块空地，运来泥土，打算种点什么。自然，首先想到的是苏东坡的"居不可无竹"。可是，到哪里去寻找合适的竹子来种植呢？要知道，园林中常见的竹子要是搬到我的露台之上，那实在是太高大了，非常不合适。于是，我想起小时候上山攀笋的情形，那些笋不是大的象牙笋，更加不是毛竹笋，而是一种细小的叫作"刚竹"的笋。这刚竹似乎大小高矮正合适。于是，从家乡挖回来刚竹的竹鞭，埋进了土壤里面。可是，埋几次，希望几次，失望几次。那希望中的绿影婆娑，一直只是一个遥不可及的梦。

直到 2 年前，我从上海本地，锦江乐园北边的一个小区里挖来一段短短的竹鞭，多年的梦想成为现实。这个竹子是"黄金竹"，长得纤细而不高大。去年长出了低矮的 2 株苗，今年开春，冒出来几株身材秀丽的竹笋，在日复一日的盼望之中，终于长得亭亭玉立，绿影婆娑。

想到我终于"可对此君大嚼肉"，便相信了"世间真有扬州鹤"。

真红耐久山茶花

似有浓妆出绛纱，行光一道映朝霞。

飘香送艳春多少，犹如真红耐久花。

白居易的这首《茶花》诗，之所以脍炙人口，一个重要的原因是写出了茶花的特质：耐久。众香国里，无论清新脱俗还是雍容华贵、无论凌波玉立还是十里飘香，大多"花无百日红"，甚至是"昙花一现"，唯独茶花的花期，可跨冬、春两季，乃至更长。茶花的富丽堂皇不逊牡丹、热情如火可比玫瑰、临霜傲雪胜过梅花。怪不得自从茶花被认识和栽培以来，文人墨客、平民显贵都给予它普遍而由衷的赞美。

一、简介

茶花，又名山茶花。古名海石榴，别称玉茗花、耐冬等。原产我国，是中国传统名花，也是世界名花。

1986 年，上海市有关单位举办中国十大名花评选活动，依照"原产中国或有 400 年以上栽培历史""观赏价值高、在园林中具有地位"的原则，茶花被评选为十大名花之一。

探究茶花在我国的栽培历史，最早可追溯到魏晋南北朝时期。有诗为证：

洗沐唯五日，栖迟在一丘。

古槎横近涧，危石耸前洲。

岸绿开河柳，池红照海榴。

野花宁待晦，山虫讵识秋。

人生复能几，夜烛非长游。

这首《山庭春日》，是目前能够找到的最早的茶花诗，为南北朝时期江总（519—594）所写。江总是南朝陈的著名大臣，据《陈书·江总传》的记载，任上"总当权宰，不持政务，但日与后主游宴后庭"，"由是国政日颓，纲纪不立"。隋炀帝杨广（569—618）也写过一首《宴东堂》："雨罢春光润，日落暝霞晖。海榴舒欲尽，山樱开未飞。清音出歌扇，浮香飘舞衣。翠帐全临户，金屏半隐扉。风花意无极，芳书晓禽归。"这说明，这个时期，茶花已经进入宫廷并得到高层人士的欣赏了。

唐朝的李白有一首《咏邻女东窗海石榴》。诗云："鲁女东窗下，海榴世所稀。珊瑚映绿水，未足比光辉。清香随风发，落日好鸟归。愿为东南枝，低举拂罗衣。无由共攀折，引领望金扉。"说明这时期茶花已经进入百姓的庭院了，但"海榴世所稀"，反映出诗中的茶花应该是比较名贵的，非"俗物"。

到了宋代，茶花栽培之风日盛。诗句"门巷欢呼十里村，腊前风物已知春"，就是描写南宋时期成都海六寺茶花盛况的。明代李时珍的《本草纲目》、清代朴静子的《茶花谱》等，都对茶花有着详细的记述。

公元 7 世纪，茶花首传日本；18 世纪起，茶花传往欧美。

目前，栽培的茶花品种繁多，主要有六角大红、十八学士、赤丹、状元红、皇冠、绯爪芙蓉、茶梅、红露珍、杜鹃红山茶、金花茶、黑魔法、赛牡丹、伊丽莎白、美国大红、花仙子、雪塔等。

二、茶花的分类学地位

茶花，或山茶花，从园艺上说，不是一种植物，而是一类观赏植物。按照植物自然分类的方法，茶花是山茶科山茶属的植物，包括一些不同的种。

最为常见的山茶，它的学名是 *Camellia japonica*。用 2 个拉丁词来给一种生物定名，这是国际通用的法则。在这里，*Camellia* 是属名，为名词，表示山茶属；*japonica* 则是种加词，为形容词，表示日本的。这说明山茶当初被欧洲人定名的时候，其模式标本是来自日本的。这跟公元 7 世纪后，山茶通过日本传往欧洲有关。如果在上述拉丁学名中将种加词"日本的"换成"中国的"，即为另外一种重要的植物：茶（*Camellia sinensis*）。

还有另外一种植物，中文名为南山茶，学名为 *Camellia reticulata*。种加词 *reticulata* 的意思是网状的，说明它与山茶在叶脉上表现不同：南山茶的叶子与山茶的叶子相比较，叶脉比较清楚。此外，山茶是灌木，而南山茶是乔木，可高达 15 米。此种植物又叫云南茶花，别名滇山茶、野花茶、滇茶花、大茶花。国家曾为之出过 8 分面值的邮票。

值得一提的是金花茶（*Camellia chryasantha*）。1960 年，有人在广西十万大山中首次发现了黄色山茶，1965 年，中国著名植物学家胡先骕先生（1894—1968）将此黄色山茶命名为"金花茶"。从此金花茶一举成名，震惊世界花坛。金花茶含有黄色基因，为茶花的遗传育种增加了花色上潜在的多样性。

山茶科的植物，均为绿色自养植物。木本，直立，常绿。花单生，各部数目多而不固定，重被，果实有不同的开裂方式。从演化上讲，这些都是较为原始的特征。全世界共有 36 属，700 余种。中国产 15 属，500 余种，多分布于长江流域以南。可作家具优质木材的木荷、可榨食用油的油茶，都是本科的植物。

三、人们为什么喜欢茶花

小仲马的名著《茶花女》，据说是我国第一部被翻译过来的外国小说。它的法文原名是 *La dame aux Camélias*，英文书名是 *The Lady of the Camellias*。之所以把女主人公玛格丽特叫作"茶花女"，一是在作者的心目中，她的外表和内心如同茶花一般美好而纯洁；二是她随身的装扮，总是少不了一束茶花。据小说的描写，玛格丽特所持之茶花，在一个月中有 25 天是白色的，5 天是红色的。这与女主人公的生理周期有关吧？《茶花女》是 19 世纪中叶的作品，讲的也是那个时代的故事，可见当时，茶花在法国文人和上层社会中的地位。

在茶花的故乡中国，人们对茶花的赞美不惜笔墨。

方干《海石榴》诗云："亭际夭妍日日看，每朝颜色一般般。满枝犹待春风力，数朵先欺腊雪寒。舞蝶似随歌拍转，游人只怕酒杯干。久长年少应难得，忍不丛边到夜观。"方干，睦州清溪（今浙江淳安）人，唐宝历中，参加科举考试不第。后虽经人竭力向朝廷推荐，终因朝廷腐败，嫉贤妒能，不被起用。据称方干不仅才华出众，且为人耿直。后人赞叹他"身无一寸禄，名扬千万里"。《海石榴》诗，在一定程度上反映了方干的才情志趣。

苏东坡有诗云："萧萧南山松，黄叶陨劲风。谁怜儿女花，散火冰雪中。能传岁寒姿，古来唯丘翁。赵叟得其妙，一洗胶粉空。掌中调丹砂，染此鹤顶红。何须夸落墨，独赏江南工。"

茶花不仅耐寒，还开得持久。陆游对茶花的这种"耐久"的品质尤为赞叹。赋诗一首《山茶一树自冬至清明后著花不已》："东园三日雨兼风，桃李飘零扫地空。惟有山茶偏耐久，绿丛又放数枝红。"

金庸在《天龙八部》中说："大理有一种名种茶花，叫作十八学士，那是天下的极品，一株上共开十八朵花，朵朵颜色不同，红的就是全红，紫的便是全紫，决无半分混杂。而且十八朵花形状朵朵不同，各有各的妙处，开时齐开，谢时齐谢。"这样的描写虽然言过其实，但从中可以体会人们对茶花的喜爱之情。

在云南民间，流传着茶花仙子不惧权贵，与吴三桂抗争而最终取得胜利的故事。因此，人们在赞美茶花"耐久"品质的同时，又赋予了它"胜利之花"的新意。

我国将茶花作为市花的地区有大理州、昆明、重庆、宁波、金华、温州、青岛等。

四、茶花的栽培

为了保持茶花的良好性状，同时加快繁殖的速度，一般采用扦插和嫁接等营养繁殖的手段，来对茶花进行"传种接代"。

在栽培过程中，环境中的五大自然因子，即光照、温度、水分、大气、土壤，会对植物产生生态作用。因此，在茶花的栽培与养护中，必须对上述五大自然因素考虑周全。

概括地说：茶花需要合适的光照，但是又怕烈日直射。茶花喜温暖，生长最宜的温度为18℃至25℃。也耐低温，但遇寒潮侵入，气温骤降，或又遇上干燥西北大风，就会引起嫩枝冻害、花蕾冻害。山茶花叶片多，蒸腾作用快。所以喜欢湿润的土壤，并需要保持一定的空气湿度。茶花喜欢生长在空气适度流动的环境中，最喜爱微风吹动。它喜东南风带来的水汽，但怕西北风和大风。茶花喜欢偏酸性、含腐殖质较高、疏松通气的山地红（黄）壤土，pH值为5～6.5。茶花喜肥，因为树势健壮，叶片较多，花期也较长。

五、结语

山茶花属植物，是一个"古老的存在"，相对于其他许多的观赏植物，又是"崭新的发现"。从隋唐至今，人们所认可、赞美的茶花品格是"耐寒傲梅花，富丽凌牡丹"。同时，因为它花期的长久，更加受到人们的喜爱。正如开篇所言：

飘香送艳春多少，犹如真红耐久花。

有感于茶花的美好品质，笔者赋七律一首，以作为本文的结尾：

咏山茶花

开时重被满枝头，败亦涵香翠色留。

江总栖迟如待晦，方干秉烛欲何求。

由来恋物性相近，千古寻芳情作侪。

雪里妖妍红复白，风寒谁与共春秋。

一夜开齐白玉兰

立在窗口，看见庭院里面的白玉兰，似乎在一夜之间全部开放了。吟得七律一首：

一夜开齐白玉兰，临轩晨早不停看。

梦窗词里离和恨，摩诘诗中绽且残。

借问真知凭典籍，欲寻思路倚阑干。

园庭一树知天下，风自萧萧上海滩。

这个白玉兰，为木兰科含笑属落叶乔木，早春先花后叶，花大而白色，具芳香。花期 10 天左右，是上海市的市花。当一树洁白的繁华，不经意间盛开在你视野里的时候，无论风萧萧、水潇潇，还是天蓝云白，一种春天的感觉便是实实在在地到来了。人们相约着，去看某处的白玉兰，有时候遇到手头的工作正忙着，或是雨疏风骤，便回答说：等等吧，再等等，过几天去看。可是，等过了几天之后，早已经是繁华落尽，碎玉遍地了。所以，有人提出，应该将上海市的市花换一个物种，因为这白玉兰的花期，也实在是太短了。

王维写过一首《辛夷坞》：

> 木末芙蓉花，山中发红萼。
> 涧户寂无人，纷纷开且落。

这种"发红萼"的、"纷纷开且落"的辛夷，是白玉兰的"兄弟"，又称紫玉兰。为木兰科木兰属，中国特有的植物，单生花紫色，生于枝条顶端。也是花开在早春，花期不长。我曾经写过一首七律《辛夷》：

> 乔木望春三月开，千花万树羡其才。
> 蕾无旁出聚华盖，色尽嫣红满秀腮。
> 水涌沧浪骚客去，坞迎木笔状元来。[①]
> 一般风物异情趣，香草美人多忌猜。

要是说，木兰科植物的花期都比较早、比较短，那也未必尽然。如广玉兰，又称荷花玉兰，木兰科木兰属植物。原产北美洲，花大而色白，中国长江流域以南多有栽培。据说，当初慈禧太后欲奖赏曾国藩，问曾国藩想要什么。曾国藩考虑到功高盖主，会引起清朝贵族的猜忌，于是，只要了美国人送来的 108 株广玉兰，并把这些广玉兰分送给他的部下。他的部下后来多在安徽合肥居住，所以，如今安徽合肥的广玉兰是全国历史最为悠久的。广玉兰也就顺理成章地成了合肥市的市花。这个广玉兰，一般要到 5—6 月才开花，花期也相对较长。5—6 月的时候，已经是暮春或是初夏了，天气变得热了起来，空气之中充满着氤氲潮湿的味道。当行走在两行整齐的盛开了花朵的广玉兰之间的大道或小径之上，会有一番别样的心潮涌动起来。下面作词一首咏怀：

蝶恋花

曙色平湖方雨歇。水鸟翩翩，堤上人踪灭。蜂蝶向花花有缺，荒亭野外青苔叠。　　明日放歌将作别。芳草无边，一纸相思帖。满眼芙蓉开木末，园丁漫扫香樟叶。②

注释：

① 木笔，为木兰类植物的一种称呼。屈原《湘夫人》有"辛夷楣兮药房"句，王维有《辛夷坞》诗。

② 有一次出高考卷子，我被隔离在一个孤岛上。时值公历五月份，正是广玉兰盛开之际。诗中的芙蓉，即是广玉兰如荷花般硕大的花朵。

砍柴中的植物多样性

满7岁的时候，我就已经腰插"钩刀"，上山去砍柴了。现在在电视剧中看到有些樵夫在砍柴，实在是莫名其妙，觉得虚假得很。估计，那些个导演、演员什么的，都没有亲自砍过柴，乃至于没有认真观察过别人是怎么砍柴的。你看电视剧里面，千篇一律的，樵夫挑着的两捆木柴，都是用绳子捆起来的。哪里有带着绳子上山砍柴的呢？山，是一个地区植物多样性最为集中、最为丰富的所在，难道找不到可以用来捆柴的植物吗？

如果是到自家的"自留山"上去砍柴，砍什么柴，是没得选择的。从下往上，从右往左连片地砍过去。当然，如果是左撇子的话，就从左往右连片地砍过去。即使是遇到草本的蕨类植物如芒萁，也只好如同割草一样把它们割下来。带着的刀，不是叫作"钩刀"吗？前部有个短钩子，可以当镰刀用，对付草本植物和藤本植物是非常适宜的。要是遇到带刺的蔓生木本植物如金刚刺、金樱子等，则必须小心翼翼，否则很容易被枝条上的刺弄伤了手。

如果可以随意挑选自己要砍的植物，也就是"偷柴"，那么植物多样性的知识就显得尤为重要了。我最喜欢的是甜槠。这个柴，是壳斗科的，与板栗是兄弟。它的好处是木质脆，一刀下去，切口整齐平滑，非常容易砍；含水量不高、质地轻，挑起来不费力；易燃、耐烧；外表好看，要是挑着两捆整齐划一的甜槠回家，在村口一定会迎来羡慕的眼光；其果实非常的香美，采回家炒熟了吃，比板栗的味道好多了。千万要注意的是木荷。这个植物是山茶科的，它郁郁葱葱地长在那里。我一看，这个好，砍起来效率高。其实，这种植物的含水量很高，挑起来是十分费力的。而有的植物，则介于喜欢与不喜欢之间。如白栎，壳斗科的。这个柴是灌木，长不高的，也很轻、容易砍。但是，树叶太大。我是去砍柴的，不是去砍树叶的。所以，如果有更好的柴存在的话，就舍弃它不用。

我小小的年纪到山上去，是有许多危险的。那些山间的羊肠小道要注意，说不定什么地方摆着一个用毛竹片弯起来的装置，是捕兽用的。如果一脚踩下去，触动机关，那个毛竹片一弹，就把脚腕给拴住了，难以挣脱。另外，砍柴的时候，先用一只手将待砍的柴扶住，稍稍用力使其倒向一边，露出待砍的部位，然后下刀。那么就要注意，当手伸出去之前必须看清楚，有没有一条小蛇爬在上面，或是有没有一个野蜂窝垒在下面。更多的时候，植物的叶子上会有许多毛毛虫，尤其是带有鲜艳颜色的毛毛虫。被它螫一下，会是非常疼的，而且好久都不能够消除。当砍下足够的柴，转过身来往山下一望，无论是一年之中的哪一个季节，都有一派美丽的风光呈现在眼前。山岚阵阵，或是寒风萧萧，提刀独立，不胜自豪。

如何将砍下的柴捆起来呢？先砍下两根长得"清秀""苗条"一点的植物，最好是檵木。这个檵木的木质部的纤维比较发达，稍微扭它一扭，它就如同一根坚韧的绳子。自然，是不需要将整个枝条扭起来的。只要将两个枝条的上部交叉，互相螺旋缠绕，适当的地方扭一扭，反过来继续缠绕一下，一条绳子就已经做好。找到一棵树，将绳子靠着树干放在地下，堆上砍下来的柴，把檵木的两端交叉，抽紧，扭一扭，一插，柴就捆好了。

无论是上午上山，还是下午上山，半天的劳作之后，肚子肯定是饿了。当挑着两捆看起来形象优美的柴，从深山里面出来，走走歇歇，穿过蜿蜒的阡陌，就看见村庄上空袅袅的炊烟了。这袅袅的炊烟，就是木柴的味道，就是自然的味道，就是饭香的味道。

双抢

人们为什么要在烈日的熏烤下抢收与抢种呢？这与"积温"有关，准确地说是与"有效积温"有关。

水稻从播种到收获种子，是一个生活史。要完成这个生活史，必须要有足够的热量供应。摄氏温度，或是华氏温度，是一个相对的概念。零度，不是热量为零。水稻必须在其生长的最低温度之上，有足够的热量累积，也就是有足够的有效积温，才能够完成它的生活史。因此，东北地区，要完成这样的热量累积，需要较长的时间，一年只能够种一季水稻；海南岛，要完成这样的热量累积则比较容易，一年能够种上 3 季水稻；而长江中下游及以南的大片区域，热量中等，勉强可以种上 2 季水稻。

抢收，不是怕水稻的种子烂在田里面，而是为了给下一季水稻的生长提供足够的时间，即提供足够的有效积温。设想一下，如果水稻的最低生长温度为 10 度，30 度的气温可以每天为水稻的生活史提供 20 度的"热值"，待到秋天的时候，气温下降，若是 12 度，则只能为水稻的生活史提供 2 度的"热值"。换言之，夏天抢种 1 天，可以为水稻换来秋季 10 天的生长时间。所以，农民们再苦再累，只要有可能，都会在满天的繁星之下插秧的。

对于双季稻来说，上半年种的是早稻，下半年种的是晚稻。这早稻与晚稻，是不可以交换时间来种植的，若是交换时间来种植，则不能够完成它们的生活史，也就是可能会颗粒无收。这是因为，除了生长需要的有效积温之外，水稻的生长发育，尚需要光照的条件。早稻与晚稻的不同，主要在于它们对日照长度的要求不同：早稻的开花，是需要长日照的；晚稻的开花，则是需要短日照的。所以，早稻种在上半年，也就是长日照条件下，才能够开花结果，才会有收成。晚稻则相反。

籼稻与粳稻，是针对它们生存环境的"绝对热量"条件而形成的不同品种：热量较低的地区，如东北，只能够种粳稻，而不能够种籼稻；热量较高的地区，如泰国、越南、菲律宾，则只能种植籼稻了。长江中下游地区，则籼稻与粳稻都可以种植。对于可以种植双季稻的地区来说，若是只种一季水稻，一般都是生育期较长的粳稻。

早稻晚稻、籼稻粳稻，是水稻这个物种长期适应于光照和温度条件所形成的"生态型"。至于糯稻，则是水稻的一个变种，不可以与早稻晚稻、籼稻粳稻相提并论。虽然如此，但它们都是种内的遗传多样性。

　　天热无比，想起以前"双抢"的事情。聊做此文，不知道有没有把事情说清楚。

微生物的发现与若干传染病

1610 年，伽利略利用望远镜倒视时有放大物体的特点，制作出一台显微镜，并对昆虫进行观察。之后自制显微镜的人日益增多，进而发现了细胞。荷兰人列文·虎克（1632—1723）虽然不是职业科学家，但他制作的显微镜能够放大 300 倍。他饶有兴趣地观察河水、人的精液、人的牙垢等，发现了一个新的世界，他把自己的发现仔细记录下来，并把观察结果寄给了当时的权威科学机构——英国皇家学会，从此名扬天下，被誉为细菌学的开创者。

法国人路易斯·巴斯德做了著名的鹅颈瓶实验，发现煮沸的肉汤可以长时间地保存，据此发明了巴氏消毒法，给食品保存和外科手术等领域带来了前所未有的进步；德国人罗伯特·科赫在微生物学基本操作技术方面作出了重大贡献，并提出了鉴定病原菌的科赫法则。路易斯·巴斯德和罗伯特·科赫被称为微生物学之父，自此，许多导致传染性疾病的病原微生物被依次发现，这给人类的健康事业带来了革命性的变革。

现在我们知道，许多重要的传染性疾病都是由霉菌、细菌或病毒引起的。本文试举几例，来说明微生物病原物与相关疾病的关系。

一、炭疽病与结核病

炭疽（anthrax）出自古希腊文"anthrakos"一词，意思是煤炭。炭疽病是由炭疽杆菌引起的人畜共患的急性传染病。食草动物接触土壤中的芽孢而感染，人类因为接触到病畜或食用其产品而发生感染。

罗伯特·科赫是一位医生，他在行医的时候非常关注患者家的家畜，总是要问人家："你们的家畜有没有得炭疽病？"虽然他不知道炭疽病的治疗方法，却很想知道炭疽病发病的原因。后来，他在屠宰场里取得发病牛羊的血液，发现其中都有一种杆状的细菌存在。那么，这种杆菌是不是导致炭疽病的病原物呢？罗伯特·科赫想，把这些杆菌注射到健康的牛羊上去会怎么样呢？但是牛羊太贵了，就用白鼠吧。通过反复实验，他发现被接种了杆菌的白鼠都得了炭疽病，而且从病鼠的脾脏里所取得的血液中，也存在着上述杆菌。后来，罗伯特·科赫还证明了这种杆菌是活物，可以繁殖。罗伯特·科赫的研究成果"炭疽杆菌病原体"于 1876 年刊载于《细菌、生物学杂志》上。

读过鲁迅《药》的人，都知道文中的人血馒头是用来治疗"痨病"的。毫无疑问，痨病在当时是一种疑难症。据统计，1949 年前该病的死亡率达 2‰～3‰，居各种致死疾病之首。现在我们知道，痨病就是结核病，是由结核分枝杆菌（*M. tuberculosis*），俗称结核杆菌，引起的。结核病可侵犯全身器官，以肺结核最为多见，至今仍是严重的传染病。

罗伯特·科赫曾经说道："在我所处的时代，人类死于结核病的比例占人类全部死亡人数的七分之一，甚至超过了几次世界性大流行的令人色变的鼠疫和霍乱病。"从此，结核病被喻为"白色瘟疫"，瘟神所到之处，"千村薜荔人遗矢，万户萧疏鬼唱歌"。罗伯特·科赫决心找到结核病的病原菌。

1882 年，科赫成功找到了结核菌；1890 年，科赫研制出了一种被认为是"可以预防和治疗结核病的培养物"：1891 年他把这种结核菌培养的过滤液叫作结核菌素（OT），为结核病的诊断提供了有效武器。这为之后卡尔美特（Calmette）和介兰（Guerin）研制卡介苗作出了具有决定性意义的贡献。1905 年，罗伯特·科赫以发现结核菌这一巨大的贡献荣获了诺贝尔生理学或医学奖。

二、流感

公元前 412 年，"现代医学之父"——古希腊的希波克拉底，记述了类似流感的症状。但直到 1580 年，菲利普二世统治西班牙期间，才有明确的流感大流行的记录。这一年，罗马死亡近 1 万人，马德里也变成了一座荒无人烟的空城，意大利、西班牙死亡了几十万人。1918 年，时值第一次世界大战的尾声，暴发了历史上最著名的流感——"西班牙流感"。在这场流感之后，甚至连美国人，平均寿命都下降了 10 岁。至今，每年仍有十分之一的成人和三分之一的儿童感染流感。

1933 年，英国人威尔逊·史密斯发现了流感病毒。这种病毒是一种造成人类及动物患流行性感冒的病毒，会借助空气迅速地传播，在世界各地常有周期性的大流行。当时，人们对病毒的认知还比较有限，因为人类首次提纯并结晶烟草花叶病毒是 1934 年，证明烟草花叶病毒的本质是核蛋白和首次用电镜观察到烟草花叶病毒颗粒是 1940 年。流感病毒是球形的，其核蛋白部分的核酸是 RNA，核蛋白的外面有包膜。RNA 外面的蛋白质是独立于宿主进化史的，由 RNA 编码借助宿主细胞合成；包膜则是一层脂蛋白膜，由宿主细胞膜衍化而来。

由于病毒是一种非细胞结构的生物，只能在宿主细胞内生存，而且具有宿主特异性，对它的培养只能是二元培养物法，也就是将宿主与病毒一起培养。这就带来了一个重要的问题，所谓的"体外实验"的实验对象变得有些模糊：是病毒细胞外的毒粒形式，还是病毒细胞内的入侵形式？若是细胞外的毒粒形式，那么酒精和去污剂等都有很好的杀死作用；若是细胞内的入侵形式，则细胞外的相关物质如药物等很难进入宿主细胞之内，因而难以起到有效的作用。正因为如此，对于病毒引起的疾病，颇难找到合适的药物。

虽然流感疫苗和以 RNA 聚合酶为靶向的抗流感药物在取得进展，但流感依然是危害全世界人类健康的重要传染病。

三、天花和狂犬病

1979 年 10 月 26 日，联合国世界卫生组织在肯尼亚首都内罗毕宣布，全世界已经消灭了天花病。然而在历史上，天花曾经是一种恐怖的传染病，死亡率很高，无有效的治疗方法。刚开始时，天花可能只是家畜身上一种相对无害的痘病毒，经过演化后才形成了天花这种人类疾病。天花病毒繁殖速度快，而且是通过空气传播，速度惊人。带病毒者在感染后 1 周内最具传染性，但是直到患者结疤剥离后，天花还有可能传染给他人。传说，爱新觉罗·玄烨年仅 1 岁时得过天花，侥幸生存了下来，因而产生了抗体，也因此获得了皇储之位。

早在唐朝，非常重视疾病预防的孙思邈（581—682），用取自天花口疮中的脓液敷在皮肤上，来预防天花。1796 年，英国人爱德华·詹纳，从奶场女工手上的牛痘脓包中取得一种物质，为一个 8 岁的男孩注射，得到了防治天花的很好的效果。1798 年，爱德华·詹纳发表了《天花疫苗因果之调查》，公布了牛痘疫苗能预防天花的试验结果。此后爱德华·詹纳又发表了一系列关于接种的文章，接种法迅速在英国乃至全世界传开。爱德华·詹纳被认为是免疫学之父。如今的新生儿都不需要接种牛痘了，世界上仅存的天花病毒，被锁进了美国的 CDC 实验室和俄罗斯的 VECTOR 实验室。

现代社会，人们对宠物尤其是狗的饲养愈来愈感兴趣，这里存在着许多风险：有的宠物主没有按照规定给宠物注射疫苗，有的宠物走失了乃至被遗弃了，有的地方出现了不少野猫野狗。如果人类不小心被这些动物伤害到的话，很有可能感染狂犬病毒。

狂犬病毒，呈子弹状，核衣壳呈螺旋对称，有包膜，内含单链 RNA，它是狂犬病的病原体。狂犬病，又名"恐水症"，是由狂犬病毒所致的自然疫源性人畜共患急性传染病。流行性广，病死率极高，几乎为 100%。人被带有病毒的动物咬伤后，病毒的潜伏期长短不一，多数在 3 个月以内，文献中最长的一例为 6 年，新闻报道中有 14 年的。潜伏期的长短与年龄、伤口部位、伤口深浅、入侵病毒的数量等因素有关。病毒自咬伤部位侵入，在伤口附近的肌细胞内小量增殖，再侵入近处的末梢神经。随后，病毒沿周围神经的轴索浆向中枢神经作向心性扩散，到达脊髓的背根神经节后，病毒即在其内大量繁殖，然后侵入脊髓，很快到达脑部，再向各器官扩散。

事实上，路易斯·巴斯德早在 1884 年狂犬病毒发现之前，就发明了狂犬病疫苗。现在地方上的卫生防疫站，随时都准备有狂犬病疫苗。

四、抗生素

历史学家在探讨第二次世界大战太平洋战争中美国为什么能够战胜日本，有许多侧重点不一的说法，但往往忽略掉或者轻视了一个事实，那就是美国人有了青霉素。

关于青霉素的发明过程，不是本文的重点。本文要提到的是，1942 年，在美国军方的支持下，美国制药企业开始对青霉素进行生产。1943 年，制药公司发现了批量生产青霉素的方法，当时正处于二战末期，这种新的药物对控制伤口感染非常有效。青霉素的横空出世，迅速扭转了战局。战后，青霉素更是得到了广泛应用，拯救了无数人的生命。因这项伟大发明，1945 年，弗莱明、弗洛里和钱恩因"发现青霉素及其临床效用"而共同获得了诺贝尔生理学或医学奖。

现在的抗生素种类繁多，对人类的健康事业作出了巨大的贡献，像结核病、败血病之类的"疑难症"已经不再恐怖。令人啼笑皆非的是，在一干影视作品中，20 世纪 30 年代就有盘尼西林的地下买卖，用一台简陋的光学显微镜就能辨别被接种的病毒，并用药物迅速治愈疾病。这也太娱乐了吧？

新中国以生物多样性为基础的若干研究成果

　　生物多样性研究的重点是分类学。把生物分门别类，鉴定到物种，是分类学的根本任务，因为人们只有在认识物种的基础之上，才能进行生物学、农学、医学、药学、资源和环境学，乃至国防等方面的相关研究和工作。解放前，由于经济和科技落后及战争等原因，我国的生物多样性研究非常匮乏，许多物种的定名都是由外国人进行的。新中国成立之后，国家十分重视生物多样性，不断制定法律、法规，投入大量人力、物力，取得了丰硕的成果，这为生物学以及与之相关学科的发展奠定了坚实的基础。

一、植物多样性的系统研究

　　新中国诞生的初期，一切百废待兴。生物学也在这个时候蹒跚起步。一个重要的标志是，在周恩来总理的亲自关怀下，全国有关科研院所和高等学校穷 40 多年的努力，完成了《中国植物志》的编订。这部鸿篇巨制是世界上最大型、植物种类最丰富的科学著作。主编吴征镒，也因此获得国家最高自然科学奖。这部巨著共有 80 卷 126 册，5 000 多万字，背后的付出与艰难难以想象，它凝结着无数科学家的智慧与汗水。

之前，我国植物种类鉴定和分类研究工作很少，许多外国学者来华考察和采集植物标本，所得大量珍贵标本都散落在外国的许多标本馆。所以，当时一批具有强烈爱国主义精神的科学家，在如此困难的形势下，迎难而上，开辟了我国植物学的研究事业。初期，老一辈植物分类学家远赴重洋进行学习研究，带回了大量资料和模式标本照片。同时，国内的不少学者采集了大量的植物标本，为后期研究做了大量基础性的建设工作。然而，多年的战争给我国植物分类学带来的深重灾难，使国内的研究工作面临窘境。随着新中国成立，我国的科学事业有了新生，编辑《中国植物志》也有了可能的条件，植物分类学迎来了灿烂的朝阳，先后成立了数个以植物分类学为基础的植物研究所，考察全国的植被和植物资源，全国的分类学家开始编写植物著作，这些工作都为编研《中国植物志》做好了充分的准备。

1958 年《中国植物志》的编研工作正式启动，从此开始了我国植物种类的系统研究，从鉴定物种，到确定统一的拉丁名称，科学家们先后完成并出版了《中国植物志》第 2 卷、第 11 卷和第 68 卷。此 3 卷《中国植物志》的出版标志着编研工作已取得实质性进展。但此后不久，《中国植物志》的编研工作曾一度停顿下来，有 10 年之久未能继续出版。1978 年，解放思想，《中国植物志》的编研工作又一次迎来了新的曙光。《中国植物志》被列入规划，成为国家的重大项目之一，同时又受到国家各项经费的共同资助，这使《中国植物志》的编研工作进入了高速发展的辉煌时期。此后以每年平均 4～5 卷的速度出版，终于在 2004 年 9 月完成了《中国植物志》这一巨著的全部卷册。40 多年的坚持不懈，几代科研工作者的不懈付出，为新中国生命科学的发展奠定了坚实的基础。

二、童第周的贡献

中国传统医学历来不注重临床性质的实验科学，而西方早在 19 世纪就有了人体解剖学。实践科学的发展差异逐步拉大了中西方生命科学的差距。正是在这个历史节点，我国一批留洋归国的有志之士，以复兴中华为己任，"师夷长技以自强"。其中的代表人物就是童第周先生。

　　童第周是我国著名的生物学家，中国海洋科学研究的奠基人，中国实验胚胎学的创始人。新中国成立前期，我国的海洋科学研究处在发展萌芽期，年轻的童第周为了祖国的生物科学和海洋事业的发展，毅然踏上留学的征途。学成归国后，童第周一方面建立了中国科学院海洋研究所，参与了国家科学技术发展远景规划和国家科技十年规划以及基础学科长远规划的制定，并参与领导了有关生物学规划的编制工作。童第周在生物学规划中囊括了海洋生物学的内容，强调了海洋生物学的重要性，为海洋生物学的发展指明了方向。另一方面继续他的科研工作，从事发育生物学的研究，取得了创造性的成绩。童第周通过对两栖类胚胎发育的研究，揭示了胚胎发育的极性现象；通过对文昌鱼的个体发育和分类地位的研究，证明了文昌鱼的早期发育特点以及文昌鱼的进化地位；通过对核酸、核质关系的研究，证实了细胞核控制生物的遗传性状，发现了细胞核不仅仅决定细胞质发育方向，细胞质也决定细胞核的命运。童第周在 1963 年首次完成鱼类的核移植研究，为 20 世纪 70 年代我国完成鱼类异种克隆和成年鲫鱼体分种克隆打下了基础，开创了中国克隆技术之先河，被誉为"中国克隆之父"。在党的感召之下，像童第周这样淡泊名利、宁静致远、艰苦卓绝、上下求索、乘风破浪的科学家，层出不穷。此种精神，鼓舞了许多科技工作者，他们不忘初心，砥砺前行。

三、结晶牛胰岛素和杂交水稻

经历了一段艰难的积累期，我国的生命科学发展终于迎来了第一个小高潮，涌现了一批突破性的科研成果。其中最具代表性的就是人工合成结晶牛胰岛素和杂交水稻。

1965 年 9 月 17 日，我国首次实现人工合成结晶牛胰岛素，这是人类揭开生命奥秘、解决医学难题迈出的重要一步，也是中国攀登世界科技高峰征程上的一座里程碑。周恩来总理曾说："我国人民正在社会主义道路上大踏步前进，在社会主义旗帜下，我国人民已经开始向科学进军。"与此同时，我国政府制订一系列了科技发展的远景规划，"五年规划"的编制中也加入了科研投入规划。这极大地激励了当时的科研工作者。大家鼓足干劲，要在科学领域为祖国建设作出贡献。正是在这个大环境的感召下，我国满腔热血的青年科学家们提出要在 5 年之内攻克"人工合成牛胰岛素"这个科学难题。受当时国际形势的影响，人工合成牛胰岛素的氨基酸无法进口，年轻的科学家必须靠自身力量完成 17 种氨基酸的全部合成。科学家们在短时间内迅速搭起来简陋的实验室，以开创性的思维和工匠般的付出，攻克了一道又一道的科学难关。每次的科学探索都不是一帆风顺的，人工胰岛素的合成经历了应用阶段的失败以及自然灾害的影响，在捉襟见肘的研究资源下，人工合成牛胰岛素的研究工作陷入困顿。在中央政府的领导下，通过深入调研并改革，重新集中优势力量与资源，建设了一支精干高效的科学研究队伍，进行重点攻关。终于，1965年9月17日清晨，在显微镜下，观察到了像宝石一样璀璨的、完美的六面结晶体，那就是结晶牛胰岛素——世界上第一个人工合成的蛋白质。当向全世界宣读这一伟大的成果时，全世界被轰动了。中国人工牛胰岛素的合成这项重大的研究成果，虽然因为种种原因与诺贝尔奖失之交臂，令人惋惜，但为造福人类、保障生命健康作出了巨大贡献。

"民以食为天"，泱泱大国何以用有限的耕地资源，生产出足够养活十多亿人的粮食？杂交水稻毫无疑问是1949年以来最为显著的科研成果之一。曾经，我国粮油棉短缺，既不能自给自足，又难以出口。改革开放，我国经济飞速发展，国民生活水平显著提高。生产的粮油棉不但可以自给自足，甚至还能出口，远销国外。这飞速发展的背后，是什么在推动？自然是我国农业技术的整体提升。其中重要的粮食作物之一水稻，它的育种和种植技术的发展，堪称世界奇迹。这种水稻育种和种植技术，是我国著名的杂交水稻之父袁隆平多年奋斗的辛勤结晶。也正是由于这种技术的全面推广，我国解决了"吃不饱"的问题。

当时，年仅 23 岁、刚刚大学毕业的袁隆平，被分配到湘西雪峰山麓安江农校教书。1956 年，袁隆平响应国家的号召，带领学生组成科学小组进行实验，意外发现了水稻天然雄性不育株。此后的十多年时间里，袁隆平默默奋战在农田之中，耐住了外界的怀疑、不屑、否定和批判等，潜心研究水稻不育，终于成功研发出"三系法"杂交水稻、"两系法"杂交水稻、超级杂交稻。其中，超级水稻的亩产量达到了惊人的平均亩产 1149.02 公斤，即每公顷 17.2 吨，创造了世界水稻单产的最新、最高纪录。

四、屠呦呦的标志性成果

屠呦呦，是第一位获得诺贝尔科学奖项的中国本土科学家、第一位获得诺贝尔生理医学奖的华人科学家。她为青蒿素治疗人类疟疾作出了重大贡献，挽救了全球数以万计的疟疾患者的生命。

在第二次世界大战期间，引起疟疾的疟原虫已经对已有的药物产生了抗药性，导致原有的药物失去效果。那时，我国只有上海和广州的药厂能够生产少量的生化药物，而且受到进口产品的倾轧，处在几近停产的边缘。1949 年以后，政府推出各项举措，以着力解决生物教学、生物科学研究等问题。在毛主席和周总理的指示之下，国家专门成立了"523"项目组，进行抗疟新药的研制。

屠呦呦在1969年1月，被任命为抗疟中草药研究小组组长。1972年底，成功从青蒿提取物中分离出三种结晶成分，并在其中找到了一个具有最佳抗疟效果的有效单体，命名为青蒿素。青蒿素对实验动物的心脏有着明显的毒性，但是在人身上是否也有毒性呢？由于疟疾发作是有季节性的，一般在蚊虫肆虐的夏季，如果错过发病季节，研究就得耽误一年，作为研究所所长，屠呦呦自愿要求试药，并且承担一切后果。获得上级同意后，屠呦呦身先士卒，带领课题组的两位同事，勇敢试药。结果表明，没有发现提取物对人体有明显的毒副作用。在随后完成的21例临床抗疟实验中，疗效明显，均未发现明显的毒副作用。此时的屠呦呦并没有停止前进的脚步。1973年，屠呦呦评价青蒿素的衍生化合物时，又发现了更加稳定、有效的双氢青蒿素。依旧土法上马，以身试药，最终成功研制出中国的抗疟新药。

屠呦呦的成果在国际上犹如重磅炸弹，产生了广泛的影响，这不仅是我国综合国力和国际竞争力的标志性成果，也是造福全世界人民的经典案例。

当今世界，人们对能源、环境、农业、健康等问题日益关注，这就涉及生物资源和病原物等，也就是生物多样性的问题。在 1992 年巴西里约热内卢《生物多样性公约》签订之后，世界各国都对生物多样性给予了越来越多的关注和重视，未来的"地球村"应该生态优美，更加和谐。

贰

走进自然

落雪总在无意时

大雪纷飞飞满天，有人孤立待行船。

行船无觅日将暮，何处温馨可醉眠。

前两天，北京预报会下雪，结果是没有下。气象部门出来解释：雪是好雪，只是风不作美。既然没有雪，怎么"雪是好雪"呢？抛开这些俗人的腔调不谈，对于下雪的预测，确实是一件困难的事情。

入冬之后，对于下雪的期盼，是一种普遍的心情。无论是处于山野之间的阡陌之上，还是处于都市之中的大街小巷，抑或是处于斗室之内围炉饮酒，看到灰蒙蒙的天空，总是会产生出一种即将要落雪的预感。要是这灰蒙蒙的天空之中，西风、北风或是别的什么风突然停息了下来，似乎特别的安静，似乎是战场上两场战斗之间的间隙，又似乎是新一轮大战来临之前的可怕沉寂，我想恐怕要落雪了。但，结果总是令人失望。雪花，哪怕是连头皮屑一样的一小片，都不曾从天空掉落下来。

去年的初冬，我去杭州西溪湿地玩。本来是约了人去船上吃午饭的，没想到天上下起淅淅沥沥的雨来。于是，只好改变计划，到湿地里面的一家饭馆坐下，去欣赏窗外雨打残荷的景致了。午后，又有一群朋友过来，怂恿我一起去雨中拍摄野鸟的照片。可惜，我只是对吃鸟感兴趣，而对拍鸟不感兴趣。大家都离开相聚的木屋，到不知哪里的野地里去了，我独自一人留下，耐心地嗑着葵花籽。也不知嗑了多长的时间，无意中，向窗外一望，纷纷扬扬的鹅毛一般的大雪，正在无声地飘落下来。

这纷纷扬扬的、鹅毛一般的大雪，飘落下来的时候，是一丝一毫的声息都没有的。我如同发了呆一般，无限专注地看了一会儿，便走到露台上去。天哪，茫茫的一片。虽然能见度降低了，不能够望见极远地方的风景了，但是，宇宙似乎一下子变成得空濛起来。高深莫测的视觉效果，使人仿佛置身于史前的洪荒。我注视着天空，注视着无声旋转着的飘飘的雪花，注视着雪花落在荷叶上、芭蕉上、层林上、青瓦上、道路上的种种命运。不消半个小时，世界已经银装素裹了。当时，即口占小诗两首：

湿地欲观鸟，无期大雪飞。

荒村寻馆驿，同伴叩柴扉。

生火置茶具，展颜宽锦衣。

此中真意气。长饮不思归。

杭城有故知，长约赋新诗。

道是逐风雅，飞来栖树枝。

人生多不遇，快乐总能期。

一饮醉如此，纷纷大雪时。

自然，这场豪雪助长了夜来饮酒的气氛。当我蹒跚着从纷纷扬扬的夜雪里回到住宿的地方时，一双鞋子里面，已经满是雪水了。第二天的清晨，阳光普照，我在窗前写下古风一首：

昨夜三分醉，醒来意迟迟。

煮茶观窗外，大雪压树枝。

今日约嘉人，高兴芙蓉池。

生平常独处，思多娱乐少。

庙堂难预期，不及江湖好。

四友同三朋，舒林栖高鸟。

芳菲播四时，聆琴自然妙。

听雨——天目山生物学实习笔记

交大、复旦和浙大等六校在天目山进行了生物学联合野外实习。连续几日的天晴，让我们很好地完成了植物学的实习任务，接下来是动物学实习的观鸟部分，主要由浙大负责，患肾衰的我便暂时获得了休息的机会。没想到，老天下起了雨。

这雨是从早晨6时开始下起的。一开始是极细的，细得不会将人淋湿。漫步在稠密的林间，感受若有若无的雨点轻柔地落下来，落在头发堆里、落在胳臂上，似乎都渗透进皮肤里面去了。数十米高的银杏树，葱茏不已，在轻烟般的雨雾里，显得持重而又神秘。小心迈过布满络石的台阶，走到巨大的芭蕉树围绕的队员们集合的一块空地的时候，雨突然大了起来。千百种昆虫的鸣声在高调了一阵之后，沉寂了。四处是雨落在芭蕉上的嘀嗒声，接着，这些嘀嗒之声被淹没在满山的渐渐沥沥的雨声之中了。

队员们整装，冒雨出发，渐次消失在雨雾之中。而我，已经泡了一杯绿茶，坐在基地里天井的边沿了。我们的队医则在绣"十字绣"，半躺在一把毛竹做成的躺椅里面，离我半尺远。患者与医生之间，总是有些话题的。一开始，我把自己吃的十几种药物一一报出来，请教这些药物的功能。队医便认真地一一回答。直到有一种药物的情况，队医不怎么了解，我才意识到，我这不是在请教，而是在考试。于是便转移了话题，渐渐地，便涉及了酒。我想听听医生对待酒是一个怎么样的态度。听到酒，医生尚未发话，房东一家子却参与了进来。他们一家 3 代人，一直坐在廊下耐心地剥着毛豆，天南海北地闲聊。听我们说酒，就来插话，说自家酿造的糯米酒如何如何。这不是一般概念的糯米酒，而是糯米做成的烧酒，浸了野生的杨梅，估计酒精度数在 30 到 40 之间。征求了医生的意见之后，我让主人舀了一些来。接着，就在医生的直接指导并严格监督下，我开始悠然地喝酒。在这充满生机的早晨，在历史 500 多年的古树之下，在淅沥作响的满天的雨声里喝酒，真的很是开心。

有水果贩子进来避雨。我在试着品尝了一番之后，称了些红心李，这可是超市里面难得一见的东西。现在市场上的李子，个头都不大。买来一吃，既不酸，也不甜，淡然无味。而这红心李，个头特别大，外表青色，有的还有些许裂纹在上面。一口咬下去，发现里面是红色的，又酸又甜。这种酸甜的味道，正是我一直在寻找而不可得的童年的味道，没想到在这场大雨之中不期而遇。要是一个晴天，无论路边的水果贩子怎么吆喝，都不会引起我的注意。

雨，禁锢了人的足迹，却把内心的一份平静铺展开来。在无限的慵懒之中，台阶下有只猫，悠长地伸了个懒腰，悠长地"喵"了一声，使我想起余秋雨的《千年一叹》。

花非花

白居易《花非花》诗云：

花非花，雾非雾。

夜半来，天明去。

来如春梦几多时？

去似朝云无觅处。

沉浸于这首诗歌的意境之中，许多喧嚣便倏然远去。

很小的时候，我到富阳外婆家去拜年。一早出发，步行，迤逦的乡野小道，长亭更短亭，中午渡过诸暨与富阳之间的界河，在富阳境内打尖。午饭后继续前行，低岭复高岭，在夜幕四合之际到达目的地。这时候，大山脚下外婆家的村子里，炊烟袅袅。那伴随着柴火的燃烧而散发出来的自然气息，温馨无比，充满整个山谷。一整天步行的疲倦与兴奋，在昏暗的灯光下，在青竹燃烧的火炉边，在热气腾腾的餐桌上，化为柔和的温暖。

后来，交通发达了，驱车过去用不了半个小时，那些沿途的山山水水，似乎是风光依旧，那份少时的神秘感觉与向往的滋味，却是突然变得寡淡了。

冬去春来的时候，"草色遥看近却无"，我沿着一条山溪远远地行去，忽然看见一树桃花。那桃树只有一株，开着粉红带蓝紫色的细小单瓣的花朵，遗世独立于山村的路口。一座石桥横过村口的小溪，小溪的边上有两三村妇在洗菜捣衣。而溪水哗哗，与远处的鸟鸣相映成趣。一个牧童牵着一头牛，从石桥上走过，那牛哞哞地叫了两声。这个场景，是我非常熟悉的曾经的场景，如今却是一去不回。想看花？有的是！什么什么地方有桃花节，什么什么地方有樱花节，什么什么地方有菜花节。甚至不需要出行，在小区，在路边，在单位，都有无尽的春花，热闹非凡。

可是，这些热闹非凡的花，包括桃李梅杏，包括樱花，都是不结果的。桃子、李子、梅子、杏子、樱桃，都只能在水果店里见到。以前有人说"没吃过猪肉，还没见过猪跑"，个中的意思已经荡然无存，乃至要反过来才能说明问题：没见过猪跑，难道还没吃过猪肉？是的，沧海横流，自然在离我们远去。

我吃葵花籽，喜欢带壳的；吃核桃，也是喜欢带壳的；吃甘蔗，喜欢嚼食。要是弄来一堆剥了壳的葵花籽肉、核桃肉，或是一大杯甘蔗汁，吃起来虽然方便，其中的风味却损失了不少。我们就是处于这样一种貌似富足的境界之中，忘记了开花是为了结果。当漫天的樱花灿烂无比，当漫天的樱花纷纷落下，除了曾经的热闹，什么也没有留下。些许好事之徒，醉心于在这已经文化得过了头的世界里，去"探寻"和"制造"文化，却忘了一个事实：文化，是之于"非文化"而言的。

花非花，雾非雾。

夜半来，天明去。

来如春梦几多时？

去似朝云无觅处。

播希望，种自己

我的这套房子，位于顶层，南北各有一个露台。2002 年入住的时候，花了人民币 1500 元一下子买来许多花草，将房子的内外打扮得漂漂亮亮的。可惜好景不长，除了 2 株铁树很"铁"之外，其他的花草都陆续香消玉殒了。基本上都是一个死法：旱死。之后，我也不断心血来潮地种植过一些东西，但是都没有好的结果。

我出版过两本书：《家庭花卉的种植与养护》和《家庭花卉的病虫害防治》。按理说，我种什么死什么的情况是不应该发生的。当然，我依然可以原谅自己，因为当初确实是非常的忙。如果是一般的忙，依然可以早晚浇水。但是我经常出差，有的时候出去需要半个来月。可以想象得到，高楼的露台之上，炎炎夏日里，那些植物们几天得不到雨水会是怎么一个样子。虽然如此，我依然是屡死屡种。至少在刚刚买回来的一段日子里，植物们是生机盎然的，给人不少的愉悦。

后来，我的身体出现了问题，不再能够长期外出，我对植物的种植便开始用上了心。除了盆栽的花木之外，我非常热衷于种菜。花木是半野生态甚至是全野生态的，相对好养；菜则是完全人工态的，比较难种。水肥的多与少、播种的深与浅等，都非常有讲究。如苋菜，苗期的时候肥料太多，会发僵而停止生长；如丝瓜，苗期浇水不当，会引发土壤板结，导致死亡。于是我去向有经验的种菜者学习，掌握了不少窍门。

播种的时候，其实是在播希望。虽然说"一年之计在于春"，但不同植物的播种时间是不一样的，一年之中时时可以播种。所以，用心计划很重要。青菜、四季豆、扁豆、番茄、茄子、辣椒、苋菜、雪里蕻、花生、土豆、水稻、葱、韭菜、大蒜等作物，以及葡萄、月季、竹子、菊花等花木，都有它们合适的播种或种植期。我用小铲子、小锄头，耐心、细致地将花盆里面的泥土翻转、敲碎。我一次又一次地将希望的种子播撒。每当做着这一切，哪怕是连续干旱，我的内心也会有细微的雨，润物无声。那个繁杂的社会远了，那些无厘头的争辩消失了。那吸引我的，抑或是压迫我的所谓功名利禄，真的如同泥土一般，倒过来被我玩弄于掌股之间。种子既然已经播下，那就天天都有希望；种子不断播下，那就永远都有希望。

种植物，其实就是种自己。对自己都不用心，都不爱惜，谁又肯用心爱惜我呢？当两片鲜嫩的子叶在清晨突然冒了出来，当许多牵牛花在朝阳下整齐划一地盛开，当一茎开枝散叶的葡萄在蓝色的天空下硕果累累……我满心欢喜。我看着植物就像看着自己，我拥有了完美的今天，也必定会拥有完美的明天。

思源湖畔觅诗缘

水光潋滟看云霞，长立思源气自华。

倦鸟归巢将日暮，谁人留恋不还家。

我的这首七绝，是写上海交通大学的地标之一——思源湖的傍晚情景。近几年，随着传统文化的氛围在高校里面日渐浓厚，我这个理学博士出身的生物学教师，也开始学习旧体诗词的写作。不仅初步掌握了旧体诗词的创作技能，在报刊上发表了数十首作品，还将古诗词中的生物学内容进行研究、分析，并融入生物学的教学实践中去。我发现，这真是一件饶有趣味的事情。

王羲之《兰亭集序》中的句子"俯察品类之盛"，被我翻译为"关注生物多样性"。据此，我认为古代的知识分子对于自己赖以生存的自然界，是有着长足的了解的。孔子说："诗，可以兴，可以观，可以群，可以怨；迩之事父，远之事君；多识于鸟、兽、草、木之名。"说明《诗经》从某种程度上而言，是一部关注生物多样性的百科全书。汉时王逸《离骚·序》写道："《离骚》之文，依《诗》取兴，引类譬谕，故善鸟、香草、以配忠贞……"由《离骚》等衍生而出的"香草美人"，自然也是不能缺少植物的意象的。如《湘夫人》，通篇只有200多字，却涉及20多种植物的名字。这样看来，古代的知识分子是"文理皆通"的，也就是说，传统文化其实是一种博大精深的复合型文化。

于是我想到，当今的大学学科划分非常细致。从本科生的教育教学实践来看，虽然明确提出了"复合型、应用型"人才的培养目标，但要真正做到"复合"，不是一件简单的事情。古代的知识分子不仅能够认知自然万物，还能够把自然万物写进文学作品之中，给后人留下了无数的诗情画意。而当今的教学体系，显然缺乏若干传统的有价值的东西，即使是中文系的学生，对于旧体诗词的写作，也是不会的。坦白地说，绝大多数中文系毕业的学生，都不会写作旧体诗词。至于理科生，虽然有不少人对传统文化抱有浓厚的兴趣，但要寻找学写旧体诗词的机会，更加是难上加难。

当复旦大学出版社出版了我的第一本诗集《学诗记》之后，我下了决心，决定开设"格律诗词写作"课程。到如今已有2届学生，跟我一起学习"仄仄平平仄仄平"。令人喜出望外的是，诗词班里的理工科学生对于貌似枯燥、难以掌握的韵与律，却是学得很快。《新民晚报》2016 年 11 月 19 日的"夜光杯"栏目，发表了学生的一批习作。如任向宇的《秋夜行》："秋风一袭近重阳，小径人稀夜未央。朝露须臾彭祖寿，皆成晓梦枕黄粱。"又如杨雪琦的《怀周郎》："初逢讨逆正年少，总角相交志气豪。舒县一离路渺渺，长江几渡浪滔滔。东风火卷赤壁破，流矢帐巡南郡鏖。戎马无心问褒贬，自将顾曲醉醇醪。"我在组诗的《小序》中写道：学理科的我，在交大开了一门文科的"格律诗词写作"，选课的学生都是工科的。六次作业下来，发现有的学生已经初得其味。作为教师，一是要感谢交大教务处，能够批准我"跨界"开课；二是要感谢复旦大学中文系的胡中行教授，是他教我写格律诗词四年。

思源湖畔觅诗缘，相信传统文化的雨露和光华，会不断滋润和照耀着年轻人，并铸就他们博大而高尚的灵魂。

春花

　　春暖花开，是小资情调。春暖耕田，是农民的生活实际。面向大海，因为大多数人做不到，是虚的，反而令人神往。此生，自从有了春天的概念，我就把春天与放牛联系在了一起，毫无春暖花开的烂漫情调。

　　我养的大水牛，整个冬季都是在牛棚里面度过的。我早晚两次牵牛出来，到池塘边饮水。之后，在牛栏中间塞上干净的稻草，作为牛的单一食粮。春天到来，天亮变得早了，我就把牛牵到水田里面去吃草。这个水田，一般是水稻与紫云英连作的，就是晚稻快要成熟的时候，在田间播下紫云英的种子，等晚稻收割了以后，紫云英就生长起来。早春的时候，紫云英被收割去做猪的饲料，可以切碎了以后在家里的一个池子里面垫实了，如同做咸菜那样。紫云英收割了之后的农田，会放入水，因为此后这农田要插早稻的秧了。春天，就是在这个时候给我以真实的感觉：寒冷的水田的水里，一些残余的紫云英植株在顽强地生长着，甚至还开出了紫色的花；一些青草似乎是一夜之间长高了。我把我的牛放在水田里，看着它身上的毛由于一个冬季的营养缺乏而稀疏、发黄，有点心疼。我的牛，耐心地吃着残余的紫云英和新生的禾草，似乎无限悠闲，一直把它的尾巴甩来甩去。

春天的花我印象最深的，只有 2 种：一是映山红，二是桃花。由于很小的时候，我就反复看了电影《闪闪的红星》，里面有一首歌是涉及映山红的，小潘冬子也是在漫山遍野的映山红中穿上了红军的军装，背上了钢枪，满脸喜悦地向前走去，我就对映山红有了特别的好感。《闪闪的红星》的故事，应该发生在江西，就是我们浙江的邻近地区。江西与浙江，都属于亚热带常绿阔叶林地区，植被的相似度是非常高的。春天到来，我们村子四面的山上，都开出了灿烂的映山红。我不是有意到山上去踏青，而是砍柴。砍柴的时候，见到映山红，非常愉悦，把花摘下来去掉雄蕊直接往嘴巴里面塞。那种酸甜的味道，就是最为纯真的春天的味道。桃花就不是那么容易见着了。农村的土地主要是种庄稼用，反而很少会种树，种树会影响庄稼的光合作用进而影响产量。至于专门的桃园，曾经有过，最后也被当作资本主义的东西砍掉了。当初，宁要社会主义的草，也不要资本主义的苗。只有当大人带着我走亲戚，去到一个更为山里的桐庐县的村子，一株桃花如梦如幻开地在村口小溪的小石桥边上，有点粉红，有点浅蓝，给了我永不磨灭的记忆。我应该也见过别处的桃花，但是能够与春天相联系的，只是桐庐县的一个山村里面的小溪上小石桥边的那一株。后来，读到南北朝时期吴均的《与朱元思书》：

风烟俱净，天山共色。从流飘荡，任意东西。自富阳至桐庐一百许里，奇山异水，天下独绝。水皆缥碧，千丈见底。游鱼细石，直视无碍。急湍甚箭，猛浪若奔。夹岸高山，皆生寒树，负势竞上，互相轩邈，争高直指，千百成峰。泉水激石，泠泠作响；好鸟相鸣，嘤嘤成韵。蝉则千转不穷，猿则百叫无绝。鸢飞戾天者，望峰息心；经纶世务者，窥谷忘反。横柯上蔽，在昼犹昏；疏条交映，有时见日。

富阳，是我的外婆家。虽然，文中有"蝉"，而春天是没有蝉的。但是吴均所描绘的，是我心目中的理想的春天，与我放牛的春天相映成趣。

如今的春天，到处都是花海。那些桃花开在湖边，非常好看，却似不会下蛋的母鸡；那些樱花，来亦灿烂去亦灿烂，仍然是不会下蛋的母鸡。万紫千红，都是表面的繁华。

别了，灿烂的油菜花

在计划经济时代，土地上种什么，不是随心所欲的，要服从国家的整体安排。粮、油、棉，是基本的次序。粮食都不够，何以种油菜？食用油都极端缺乏，何以种棉花？作为秋季播种、冬季积累能量并完成春化作用的农作物，主要就是小麦与油菜。当春天来临，被约束了种植面积的油菜田里，开出了鲜艳的黄色的花，人们的惊喜不在乎花本身，而在乎花后结出的菜籽，在乎菜籽榨出的菜油。

如今，情况起了很大的变化。许多地方密集地种植油菜，其主要目的不是为了油，而是为了花，把花海当作一道招徕顾客的风景。农家乐、观光农业、生态农业等等，方兴未艾，不亦乐乎。作为一个社会人，我自然也不能免俗。最近几年，我总是秋播，播种青菜。其实，青菜也是油菜，都属于 Brassica 芸薹属，也可翻译为油菜属。青菜可以吃，自己种的青菜比市场上买来的要好吃多了。所以，我精心选择栽培的品种，在尽可能找到的空间里，适时地播种、栽秧苗，并加以妥善的肥水管理。

鲁迅说得好："贫贱之人，种花不如种菜。"哈哈，此话有理，但我是倒过来的意思：我虽然是种菜，而且是在家里的露台上种菜，却是在种花。我种青菜，就是为了春天到来的时候能够看到菜花。菜花一开，蜜蜂就来。我在含苞待放的葡萄架下，就有了一些思索的基础，就有了"为赋新词强说愁"的题材。我的几十株菜花，不敢那些遍野的宣传成为菜花节的热闹，但敝帚自珍，我也是万般的喜欢。

屈指农时，又到播种的季节。对不起了，我的菜花们，在你们花未谢、籽未全的情况下，我伸出了我的辣手，将你们一株一株地拔除。我的番茄、辣椒、刀豆、丝瓜、玉米等，正需要它们的空间呢。

别了，灿烂的油菜花。

自然的味道

微信朋友圈见山上的杜鹃花又开，我想起自然的味道。我六岁就能够独自上山砍柴，对于山上的植物多样性早有认识。对于这个杜鹃花，也就是映山红，也是"鸡骨头柴"，印象是十分的深刻。因为这个植物的茎干非常脆，如同鸡的骨头，含水量少，所以砍伐比较省力，挑起来也轻。仲春时节，满山的映山红开了，我会去摘下许多，去除那些雄蕊，将花瓣塞进嘴里吃，酸酸甜甜的感觉，就是自然的味道。

如今，许多野生植物都被驯化，被育成各种各样的品种，自然的味道却是不在。到处可见的庭院中的映山红，变成了"映园紫"。那些紫色的花朵整齐而密集地开放着，却给人以冷冷的感觉，全没了野趣，全没了心中的向往。桃花也是一样，虽然开得越来越"天天"，热闹非凡，却不能结果，真正的是"华而不实"。栀子花也是一样，庭院中的栀子花虽然漂亮，却失去了原来的韵味，失去了原来的芬芳。小时候，初夏来临之际，常到山上去寻找栀子花。不只是为了审美，更是为了品尝。将栀子花的花冠摘下，倒过来将花筒含在嘴里一吸，一股蜜水般的流质，带着无限的甜美，带着无限的芳香，慰藉了我期待的口腔。

丝瓜，不再是丝瓜的味道；番茄，不再有番茄的甜酸；莴苣，不再含莴苣的清香。连同野生的马兰头，虽然看起来是苍翠欲滴，但也丧失了自然的意味。人类为了生存，也许只是为了所谓的经济，将自然界搞得不成样子。苏东坡写道："罗浮山下四时春，卢橘杨梅次第新。日啖荔枝三百颗，不辞长作岭南人。"这样的情趣，这样的境界，在反季节栽培的技术背景之下，真的是荡然无存。

于是，我自己着力去寻找，去寻找儿时的自然的味道。我种植了许多带有野趣的植物品种：酸的番茄、辣的辣椒、有丝瓜味的丝瓜、会结桃子的桃树，以及刀豆、青菜、雪里蕻、鱼腥草、大蒜，乃至莲、竹子、牵牛，乃至葡萄，乃至水稻和浮萍。

有播种就有收获。想品尝自然的味道的时候，就徜徉在我小小的可爱的家庭农庄里，或者吃点时新的东西。但是，一盆雪菜炒春笋下去，略略伤了胃；一盆新鲜腌制的雪里蕻炒肉丝下去，也是略略地伤了胃。看来，自然的味道不能独吞，宜于共享。

山的味道

园丁在用电动的机械割草，"嗡嗡嗡"的声音似乎有点烦，似乎也有点亲切。我思考了一下，觉得是那种割草的味道，也就是青草被连片切割之时所散发出的芳香，给人一种回归自然的野趣。这种自然的野趣，掩盖了机械的"嗡嗡嗡"扰人的感觉，让人在不知不觉中快乐起来。于是我驻足，于是我停下车子。于是，我便想起大山的味道。

浙江是丘陵地带。儿时是没有煤气之类的，生火做饭必须砍柴。有个笑话：父子两在大雪纷飞的时候上山砍柴。儿子说："爹，皇帝砍柴的时候，一定是用金子打的刀。"爹说："你懂个屁，皇帝在这样下雪的天气里是不需要砍柴的，只要在家烤火就行了。"其实，编这个故事的人，是知道具体的情况的：大雪纷纷之时，即使是最懒惰的人家，也是准备了过冬的柴火的。每当冬去春来，万物复苏，人们才重新回到山上去，去砍柴拔笋。所以，当春天来临，尤其是春夏之交，大山的味道才能够嗅得出来。

大山的味道，首先是花粉的味道。六岁的时候，我就背插"钩刀"，独自一人到大山里面砍柴去了。出了村子，走过迤逦的田间小道，很快就进入了群山之中。但见群峰巍峨，山岚阵阵。路边的野花灿若星辰，我却无暇顾及。遥望各个山头，无尽的碧色之中，透出一抹一抹的鹅黄。我是知道的，那是树木新生的叶子。一阵风吹过来的时候，那些层林如波浪一样起伏，并且哗哗作响。随之而来的，是一种花粉的气息，是一种大山的味道。我意气风发，在美好的呼吸之中，悠然地找到了自家的"自留山"。登高而望，有气吞河山的豪情。

看电视剧的时候，发现那些上山砍柴的人，都要带上一些绳子，去捆绑柴火。我不禁哑然失笑。山上什么东西没有呢？砍柴是要带绳子的吗？我到了自家的山上之后，首先是寻找"绳子"，也就是几株木质纤维发达的直线型的小灌木，如檵木等。其实，所有木本的适当长短的枝条，都是可以作为"绳子"的。将两株植物的枝条的上半部分交错起来，扭一扭，就成了一条合适的绳子。具体的方法是将砍好的柴，整齐地放置于绳子上面。将绳子弯起来成圈，两端交错，扭一扭，插入柴火之中。无论多高的山坡，将这捆好的柴禾往下一推，自然就滚到了山脚之下，再挑回家。

柴火是什么？就如同剃头一般，遇到啥就是啥，连片地砍过去。若是低矮的蕨类植物如芒萁，则同割草一般将它割了，当然要小心其中是否有个马蜂窝；若是带刺的百合科的金刚刺，则要更加小心，说不定把手刺出血来；若是壳斗科的甜槠，那就"发财"了，不仅一刀下去干脆，说不定上面还有美妙的果实……每一种植物，都有它自己的味道。它的叶子，它的果实，都是万千世界的快乐的组成部分。我有时候小憩，发现身边有一株小小的木本，可能是紫金牛科的"老不大"，挂着鲜红的果实，就会吃了它。实在没有东西可以吃的时候，我就摘了映山红的花瓣来吃，或是摘了栀子花来吸它花筒里面的蜜汁。自然的味道，是难以言表的。

混迹于红尘之中，不知道山上的今天都在开些什么花。微信朋友圈的消息，来自天南海北，有的说杜鹃花开了，有的说正在下雪。我是茫然不知所以。

业余爱好

在学生各种各样的面试中，面试官总要问一问面试者有什么业余爱好。从技术层面上说，这个学生能够参加面试，说明笔试已经通过，何况各门功课的成绩也是一目了然的，所以要全面了解这个学生，考察其业余爱好便显得尤为重要。这种对于业余爱好的考察，可以推而广之，甚至可以用来考察一个职场人员的智商、情商，乃至价值取向。因为从根本上说，职业或者工作，其基本的目的是谋生。那么，我要了解你的话，知道你已经能够很好地谋生了，还应该去考察些什么呢？

历史上，没有职业的文学家。从孔子编《诗经》，屈原写《离骚》，到曹氏父子著诗赋文章，再到唐宋八大家写诗文，他们的文学成就，说白了，都是业余爱好的产物。陶渊明、李白等，看似无所事事，或隐居于山野林下，或游历于五湖四海，总不能说他们的职业是写作吧？就是从书画方面来说，也是一样的，从王羲之开始，历朝历代的书家、画家，没有一个是职业的。曹雪芹写

《红楼梦》，罗贯中写《三国演义》，这也不是他们谋生的职业，而是业余爱好。反倒是出现了职业的作家以后，叫他们有固定的工资可以领取，叫他们专心写作，文学家却一个都不见了。

事实上，业余的水平往往比职业的要来得高。看看奥运会，那是业余爱好者的运动会。而这个运动会的本意是"game"，也就是游戏的意思。游戏是什么？爱好！所以，奥林匹克运动会，其实应该翻译成"奥林匹克游戏会"。来参加的各路大神，自然应该是业余爱好者。也正因为如此，美国职业拳坛和 NBA 的运动员，一开始是没有资格参加的。正因为是爱好，自己喜欢，才会用心去做，才会做得好。如果抱着"为国争光"的高大上的目的，则如同装上了核动力，可以一往无前了。但是，如果抱着"拿了冠军就发财了"这样功利的目的去做，结果也就可想而知了。为什么巴林、叙利亚等小国的业余足球队，能够战胜一掷千金的职业中国足球队，也是同样的道理。

科学的历史也是如此。从亚里士多德，到哥白尼，到牛顿、孟德尔，他们欲穷自然的奥秘的原动力，与谋生关系不大。就是牛顿，按照现在的话来说，他的"职业"是数学家，只不过一不小心"业余"成了物理学家。至于达·芬奇，首先是工程师，然后才是画家。这种跨界的例子是很多的，为什么他跨界？为什么他能够跨界？爱好，爱好而已。这与白天上班，晚上去开"滴滴"，完全是两码子事情。当今的时代，科学家已经变成了一种职业，也就是为了谋生。大家想想看，你在一个科研单位里面工作，如果不能源源不断地申请到项目经费的话，日子一定过得很惨，而且说不定合同到期就不再续签。于是，申请项目经费成了大多数科研工作者的第一要务；于是，科学家成了让年轻人望而生畏的苦行僧；于是，科学家没日没夜地工作，业余爱好之说，根本无从谈起了。我认识一些海外华人学者，他们不仅是科学家，还是社会活动家，还是"生活享受家"，出的科研成果却是国内的学者难以望其项背的。为何？他们有一种悠然的态度，他们已经从"谋生"的艰辛中跳了出来，开始做他"爱好"的事情了。

中国的文化，有许多表达，正反都是对的。要是断章取义，则非常害人。如"玩物丧志"，一般会引申到"玩就是不好的"这个意思上去。其实，许多创造性思维，都是在"玩"的状态下修成正果的。

拾穗者

我对秋天的印象都是美好的，没有一点是不好的。从小生活在浙江丘陵地带的我，对于"万山红遍"基本上没有体会，因为我们那里是典型的亚热带常绿阔叶林，即使是在冬天，漫山都是绿的。

因为漫山都是绿的，"停车坐爱枫林晚"的景致也就无法欣赏到。既然如此，为什么还说对于秋天的印象都是美好的呢？那是因为，既作为牧童又作为学生的我，对于乡村的秋天有着特殊的感觉。虽然，从理论上讲，这个"特殊"是不合逻辑的。我出生在四面环山的农村里，我没有去过房龙在他的《宽容》里所描述的山外的世界，这个四面环山的所在就是我的全部，就是我的宇宙，那就没有"特殊"可言了。特殊，是在有比较的情况下才会发生的。"停车坐爱枫林晚"的种种，都是后知后觉。

对于秋天，我的先知先觉是不热也不冷，天高云淡，即使淫雨霏霏也很好玩，最适合钓鱼了；因为在学期中，就不用参加暑假里"双抢"那样艰苦的田间劳动了；南方的晚稻收割之前，先要排干稻田里的水，因而收割后的田野是非常有趣味的。放学后，我踏着绵软的泥土去捡拾收割时掉下的稻穗，体验着嫩绿的紫云英苗在光脚板底下生出的奇妙的感觉。自然，捡拾稻穗只是"正业"，我的副业是抓黄鳝和泥鳅。抓黄鳝比较简单：湿润的稻田里有许多圆圆的洞，这些洞一般都是成双出现的，拿一根硬草从一个洞里捅下去，会有一条黄鳝从另外一个洞里爬出来。抓泥鳅略为复杂，还会有一点小危险：晚稻收割之前为了有利于排水，会在稻田中挖出一些沟，沟里因为地势低，泥土比较湿润，泥鳅就躲在里面。我就用双手一寸一寸地翻沟里的泥土，不断有泥鳅活蹦乱跳地出来，煞是有趣。小危险是，翻着翻着，发现泥土下面有一条蛇。恐惧是，翻着翻着，发现泥土下面有一条被我抓出血来的蛇正在努力逃跑。少年时候的记忆，是无限淳朴的，是无限美好而有趣的。不会像今天，要是写诗，尤其是写秋天，非得要弄出些悲伤来。

关于对秋的"认识上的提高"，始于大学一年级。既然我从放牛砍柴种田的乡巴佬变成天之骄子了，必须要高雅起来，和那些拾稻穗、挖泥鳅之类的老土往事拜拜。我去买来一张印象派的森林的油画，用图钉透过蚊帐固定在墙上。我看着一片明亮的树林，我看着鲜艳的鹅黄的色彩，我看着若有若无的阳光从林子外面柔和地照射进来，我觉得这才是真正的秋，我觉得这才是梦中最美的秋。从此，那少年时代纯粹真实的秋，渐渐远去。我看到的是丹枫白露、浔阳江头夜送客、千里共婵娟、露重飞难进等。如今知道这些意境或情愫，其实跟我真的是一点关系也没有。吃酒就是吃酒，关"月有阴晴圆缺"什么事。恍悟：在不知不觉中，很多真的东西变成假的了，很多假的东西变成真的了。

我不止一次看到过《拾穗者》这幅油画，对它有着一种油然而生的自然的亲切感。我自小是个拾穗者，经历了半个世纪的风雨，今天依然是个拾穗者。可惜，人是物非了。

秋来自有气高洁

"春华秋实"，是说秋天乃收获的季节，令人感到欣喜；"秋风秋雨愁煞人"，是说秋天乃萧瑟的季节，使人感到悲凉。有人看见红叶遍地，可以骋怀；有人看见落木萧萧，足以伤秋。"露重飞难进，风多响易沉"，更加是一种人生被羁绊的哀鸣。"多事之秋"，则是一种说法。有没有听说过"多事之春""多事之夏"，抑或是"多事之冬"？所以，"多事之秋"，其实是一种心态，甚至是想象出来的一种心态。

"枫叶荻花秋瑟瑟"，似乎是一种消极的心情。但我是消极不起来。因为小时候牧牛，让牛在边上吃草，而我则用小锄头挖那个"白茅"的地下茎来吃，甜如甘蔗。虽然没有风吹草低见牛羊的景致，但那份少年时代没有丝毫欲念的闲适，于我是一种难以忘却的记忆。既然"枫叶荻花秋瑟瑟"于我是美好的，与江州司马"泡妞"的情形，与之"同是天涯沦落人，相逢何必曾相识"的感叹在审美情趣上关联不起来，为什么要硬生生地将自己归于那些神经衰弱的"伤秋"的人呢?

其实，树木的凋零不是凋零，而是一种自我保护的行为。落叶树种，在日照长度变短的时候，体内脱落酸的形成会增加，并作用于叶柄的部位，促使叶子的基部产生便于叶子脱落的结构。叶子在风力和重力的作用之下，翩然落下，对于树木本身便形成了保护，即不会被即将到来的严寒的冻伤。至于那些草本的植物，尤其是大面积栽植的小麦和油菜等作物，更加不需要人类"心疼"了，因为秋天之后的低温，是它们花芽形成的必要条件。也就是说，没有低温、没有"挨冻"，它们在春天就不会开花。花都开不了，怎么会有果实呢？怎么会有种子呢？又怎么延续下一代呢？

人在不了解具体情况时的自作多情，其实是一种误判。而误判，往往会害了别人，也会害了自己。我遇到过不止一个的自以为是的人，自己的事情弄得一塌糊涂，偏偏好为人师，遇到我就想施展一番他平时没有机会施展的教育才能。虽然我默默地忍受了，但在内心，连杀了他的心思都有。要我少工作，那么谁养活我啊？要我注意休息，那怎么不帮我去医院配一次药啊？要我穿得整齐一点，为什么不送衣服给我，或者至少帮我熨一下衣服啊？空话谁都会说，只是说多了，不只是空话，而是一种现实的诅咒。这是诅咒我如秋天的枯叶一般随风飘落吧？

好在，如上文所说，秋天只是一种心情。春雨润物，难道夏雨、秋雨、冬雨就不润物了吗？每当秋来，虽然心念万千，与春来、夏来、冬来一样的心念万千，但是在秋天，别有一番高洁的气势存在。

我家的黄河

　　我家住在黄河边。黄河全长接近 5 500 公里，我家却是一个小小的所在。所以，与其说我家住在黄河边，还不如说黄河从我家流过。要是我能够给黄河写点什么，自然不敢写 5 500 公里的壮观，而只能写我家的黄河。

　　卢纶的七绝诗《和张仆射塞下曲·其三》是这样写的：

　　　　　月黑雁飞高，单于夜遁逃。

　　　　　欲将轻骑逐，大雪满弓刀。

　　王昌龄在《出塞》中写道：

　　　　　秦时明月汉时关，万里长征人未还。

　　　　　但使龙城飞将在，不教胡马度阴山。

　　两位山西大诗人的这个"塞下"和"塞"，虽然可以泛指北方的边塞和边塞附近，但是，只要看一看"几"字形的黄河的走向，卢纶和王昌龄的这两首诗，很有可能是指"河东"的西北部，也就是黄河以东即现在的山西省的西北部。那里有古长城，隔着黄河向西是鄂尔多斯，向北不远则是阴山和呼和浩特。这个地方也是卫青和霍去病率领大军从定襄出发，席卷匈奴的所经之处。如今，虽然通了高速公路，但是想象一下约 2 000 年之前，这里是如何的偏僻，如今依然设有"偏关"县。此处虽然偏僻，但曾经是烽火连天的战场。

我家边上的黄河，就是在这样的历史背景之下没日没夜地流淌。一年四季，从满目冰封，大雁南去，到小米金黄。每次回家，无论是坐飞机还是乘高铁，到了太原之后，还要继续若干小时的车程。一路上，我总是浮想联翩，不知道 2 000 年来这里的植被和生态环境发生了怎样的具体的变化，但是有一首古老的歌一直萦绕在耳边，挥之不去。这首古老的歌，就是语文课本里面有的《敕勒歌》：

敕勒川，阴山下。

天似穹庐，笼盖四野。

天苍苍，野茫茫，风吹草低见牛羊。

北齐时，敕勒族居住在今山西省北部一带，敕勒川就是敕勒族的居住之处，位于今山西、内蒙古一带。所谓的"川"有说是平原的，也有说是河流的，但对我而言这不重要。重要的是，"天苍苍，野茫茫，风吹草低见牛羊"这样的句子和意境，让人生出无限的遐想。在车轮飞驰的声音里，我一步一步地接近了我家边上的黄河，回到了家乡。有一次，我在国庆节期间回家，买好机票，心驰神往，便写了一首七绝《欲家归》：

> 烟消酷暑白云飞，风起平湖螃蟹肥。
>
> 忽觉离乡已长久，桂香来袭欲家归。

走进自然

今人说王羲之是"书圣"，说他的字写得好。其实，他的作文也写得很不错。一篇《兰亭集序》足以让他名扬天下。即使他的字写得像蟹爬一样，《兰亭集序》照样会被收录到各种选集和语文课本之中。所以，抛开书法，王羲之是个"作文家"。那么抛开作文呢？他又是谁？只要重读一遍《兰亭集序》，我们从字里行间就可以发现，王羲之是一个"复合型、应用型"的知识分子，而且有着博大的自然情怀。"仰观宇宙之大，俯察品类之盛"这样的自然情怀，试问现代人，难道不令人神往吗？

自然，不是在千里之外，更加不是遥不可及。自然，只是一个意念，只是一段 3 小时的路程。从上海出发，顺着申嘉湖高速，转到杭州绕城，再转到杭徽高速，在西天目山的路口下来，很快就到达了我们的目的地。森林的世界、大树的王国就在我们的面前了。从 1983 年的夏天，我以学生的身份参加野外实习至今，已经不记得有多少次的天目山之旅了。但是，每次来到这里，一样新鲜，一样兴奋，一样充满了活力。

我的友人潘、陈、邵、俞，诸位兄弟从杭州和宁波赶来，加入走进自然的行列。潘兄有个无人机，本来是非常有利于"俯察品类之盛"的，可惜不久前又摔坏了，正送去修理。不过，"仰观宇宙之大"也是乐趣无穷的。他们在禅源寺前面的空地上，架起了三脚架，开始拍摄"星轨"。这个工作需要耐心，需要时间，不整到半夜是不会出好的结果的。夜幕降临的时候，山里面是百虫齐鸣。渐渐地，虫声萧疏下去，直至万籁俱寂。

林间漫步，最适合的时候是早晨。在若有若无的山岚里面，拾级而上。秋露乍现，湿润了路边植物的叶子。脚下的青苔，在露水的滋润之下，显得更加柔滑。每走一步，都是那样的小心翼翼；每走一步，都如探秘一样神奇。不经意间，一束光从森林之外的空中斜着照射进来。羊肠小道上，一下子遍布了斑斓的光和树叶的影子。秋，秋天的味道，这晴日里秋天的味道，便突然浓稠了起来。

走累了吧？那就歇歇脚，喝口水。这个亭子，叫作"雨华庭"。我猜想，它的本意是"雨花亭"，抑或是"雨哗亭"。一静一动两种解释，都是充满诗情画意的。雨华亭还是一座桥梁，下边是一条宽阔的溪流。春夏之时，溪水哗哗作响，并且在高低错落的河床上生出些大大小小的瀑布来。而现在是中秋，溪水干涸了。那些苍白的鹅卵石，静静地躺在那里，给人一种超凡的安宁。我们在亭边的古树下小坐，说些 30 多年前初临此地时的故事。于是，岁月在这方远离俗尘的山谷里，变得绵长起来。

当年住宿过的简陋所在，早就更改了它的样貌。眼前的池台楼阁，居然是"现代化"了的寺庙。诵经的声音雄浑无比，却难以给人"宝象森严"的感觉。世道变化了，唯有自然，处于永恒的自然之中。

千岛湖界首岛纪行

　　经一个隐蔽的水湾边上的简易狭窄的之字形坡道，小心翼翼地挪过一块细长的木板，终于下到一个只能够容纳 7 人的小型快艇的时候，我知道这次的界首岛之行，必定是一次令人神往的旅程。小艇左晃右晃了几下，便轻灵地调转了头，顺着曲曲弯弯的两山之间的水道，扬起来了洁白的浪花。很快，转出一个山口，视野变得开阔了起来。在欲雨未雨的苍穹之下，在澄澈无比的水面之上，小艇开足马力，飞驰起来。人间似乎是远离了，车马的声音与市井的喧嚣，被一股脑儿地甩到了九霄云外。只有一座座大小不一的岛屿的身影，在小艇的舷窗之外飞快地掠过。

　　界首岛，是千岛湖最大的岛，面积达 11 平方公里。这 11 平方公里的面积，似乎不怎么大，但是山谷嶙峋，如同犬牙交错，山谷之间形成了许多大大小小的水湾。从某一处的码头登上岸去，向左走是一条路，向右走也是一条路。分不清这是"上山"的路，还是"下山"的路。也就是说，一不小心，就会迷路。上岛不久，有几个人就自组了一个小分队，消失在了群山之中。说好 5 时晚饭的，到了 6 时多，还是不见他们回来。在这个远离人间的人间，尤其是那些人迹罕至的山谷里面，手机的信号微弱。我们联系不上他们，他们也联系不上我们。眼看着夜幕就要降临，那支迷失了方向的小分队，看来是要与野兽为伍，好好地浪漫一番了。若干年之前，我带学生实习，曾经走过那条漫长的峡谷。记忆最深的是，即将到达一处做生态学样方的所在地的时候，有的学生不肯往前走了。说："这里没有路！"没有路？有路的地方还叫你做样方吗？在那些小年轻们看来，路，就是人工修建好的，必须要有台阶啊什么的。这莽莽荒荒的山林之中，坡度很大，不要说台阶，就是简易的泥路也是没有的，怎么可以走人呢？当我正这么幸灾乐祸地想象那支"有组织，无纪律"的小分队，可能陷入那种"无路"可走的境地的时候，他们突然回来了。恰好回来在夜幕深锁的最后一刻。

雇来的厨师，其实就是附近的村民，好在一桌子家常菜做得干净利落。5 时准备好的菜肴，到 6 时半才开吃，自然是成了冷餐会。可是，大家热情高涨。谁谁谁带来的葡萄酒开启了，谁谁谁带来的杨梅酒开启了，谁谁谁带来的青稞酒开启了，谁谁谁带来的泸州老窖开启了，谁谁谁带来的五粮液开启了。当这边的男生们拼着差不多最后一丝酒力的时候，女生们在临水的一块空地之上，燃起熊熊的篝火。专程运来的音响，奏起了舞曲。在这远离了俗务的孤岛之上，在这春风拂面的夜里，轻快的舞曲奏了起来。意犹未尽的饮酒的男生们，在篝火边的石几之上，又新开启了啤酒、开启了白兰地。舞累了？饮累了？那就唱歌吧！在音响的伴奏之下，大家温情而投入地合唱起来：

> 夜半三更哟，盼天明；
>
> 寒冬腊月哟，盼春风；
>
> 若要盼得哟，红军来，岭上开遍哟，映山红。
>
> ……

　　这一夜，真是不知道饮醉了几个，也真是不知道舞醉了几何？

　　王羲之在《兰亭集序》中写道：

　　夫人之相与，俯仰一世，或取诸怀抱，悟言一室之内；或因寄所托，放浪形骸之外。虽趣舍万殊，静躁不同，当其欣于所遇，暂得于己，快然自足，不知老之将至；及其所之既倦，情随事迁，感慨系之矣。向之所欣，俯仰之间，已为陈迹，犹不能不

以之兴怀，况修短随化，终期于尽！古人云："死生亦大矣。"岂
不痛哉！

　　每当读到上述文字，一种敬畏而神往之心油然而生。相形之
下，思及自己，便觉得真正的是卑鄙、渺小，自惭形秽。好在，
总算时不时便有向往自然之心；好在，时不时，便有放浪形骸之
意。就算是东施效颦，也要在这个功利的世界里面，尽情潇洒，
好歹要找回一些真实的自我成分来。

　　此行，口占律、绝4首：

七律　界首岛上

偷闲临水绿茶杯，千岛湖中我又来。

此刻轻舟正逐浪，昨宵篝火已成灰。

苍天欲雨黛山远，空谷乱鸣春鸟回。

转见蜜蜂花上舞，几多金粉落尘埃。

七绝　别界首岛

惜别蓬山约归期，菜花无数折三枝。

飞船带雨旅程急，心境此番人有知。

七绝　打尖

登临坡上草皆绿，深水一弯云碧天。

遥指孤村听吠犬，闲云一片到跟前。

七律 归途

一山过罢又三山，千里归程烟雨还。

雾是飞云云是雾，弯成笔直直成弯。

人生快意在征旅，山水闲情寄险关。

我欲高歌向原野，乐闻深谷水潺潺。

感谢两位"岛主",浙大于明坚教授和丁平教授的精心组织；感谢同行的管敏鑫教授和金维杉教授，以及其他各位师兄姐弟妹们；感谢老潘的摄影。

晕倒在大别山里的地平线

今天是疫情居家的第 60 天，想出这么个怪怪的题目来写小文章，是有一定道理的。这 60 天里，除了在书房如同黄狗转圈一般散步之外，其他的"运动"只有走到露台上去，眺望远方。眺望远方的时候，会回忆起半个多世纪人生里的种种艰难困苦。本文就讲讲我晕倒在大别山的地平线。这故事的起点，居然是在上海。

那是 1994 年的上半年，我在南京读研究生。一次，从诸暨家里往南京赶，突发奇想：为什么在火车路过上海时，不下去看看呢？于是，我果真在上海站下了车。这是我第一次到上海，下了车就"打的"，上了延安路高架。记得当时，延安路高架只造到了娄山关路转内环那里，再往西就得走地面了。游上海的细节不是本文的目的，略过不提。反正，最后一顿午饭是在上海站吃的。是盒饭，是反复加热过的，吃起来像粥一样的盒饭。到了南京没几天，身体发热到 41 度，脸上出满了红色的疹子。校医说我是重度感冒，给我折腾了一周，却不见任何起色。我以前是不生病的，还惧怕打针。这一周下来，吓得我半死。后来，校医院的院长来了，叫我张嘴。我张嘴"啊"了一下，院长说我是麻疹。麻疹？成年人得麻疹？是的，后来在报纸上看到，当时的上海流行了一下"成年人麻疹"。我第一次到上海，就感染了个麻疹回去，也算是有缘吧。

民间有个说法：成年人得了麻疹，如同妇女生了孩子一样，是需要调理的，尤其不能累着。如果不调理好，还累着，会落下后遗症：身体会变得虚弱。我一个学生，怎么个调理法？累不累着，也不是我自己可以说了算的。那时候，应该是初夏了吧？我们出发去大别山进行植物分类学野外实习。对于植物分类学实习，我自然是比较熟稔、有把握的，甚至可以跟老师一样，带一个组。这是因为我的经历：6岁开始砍柴，识别了木本植物；7岁放牛，识别了草本植物；大学生物系四年级分专业的时候，我选了植物分类；在读硕士之前工作的7年里，我每年都带学生进行植物分类野外实习。于是，我抱着一种轻松和快乐的情绪，登上了去大别山的旅程。根本没有想到，麻疹真的有后遗症；根本没有想到，我会晕倒在大别山的地平线。

位于鄂豫皖3省交界的大别山，是革命老区。凡是革命老区，大都是贫困地方，甚至穷得难以想象。入得山来，渐渐发现有的地方居然还没有通电。一次，路过深山里的一家孤零零的房子，我们进去讨水喝。房子里面只有一位老婆婆，除了锅灶和水缸之外，几乎没什么家具。老婆婆用她那双黑黑的手，用一只黑黑的碗，从黑黑的水缸里舀出清清的水递过来，我想起了艾青《大堰河我的保姆》里面的诗句："在你搭好了灶火之后/在你拍去了围裙上的炭灰之后/在你尝到饭已煮熟了之后/在你把乌黑的酱碗放到乌黑的桌子上之后/在你补好了儿子们的为山腰的荆棘扯破的衣服之后/在你把小儿被柴刀砍伤了的手包好之后/在你把夫儿们的衬衣上的虱子一颗颗地掐死之后/在你拿起了今天的第一颗鸡蛋之后/你用你厚大的手掌把我抱在怀里，抚摸我。"我们就是连续在这样的山沟沟里面转悠，直到在一个较为发达的"镇"上安营扎寨。

说这个"镇"比较发达，是因为有电，是水电，是水力发的电，是附近的一条山溪的水力发的电。夜晚，我们聚集在营地的一个大一点的房子里面，总结一天的实习结果。头顶上的电灯泡，却屡屡夺走我们的注意力。只见那昏暗的电灯泡忽然亮了一下，我们还没有反应过来，它却突然又变暗了，再变暗，然后是乌了。此种情形反复出现。估计是山溪的水流突然快的时候，电灯就变亮；山溪的水流突然快了一下之后，必定是趋缓，电灯就变乌。这样的经历倒是非常有趣。说这个"镇"比较发达，还因为这里能买到啤酒。这实在是太好了。这比封控在家还要奢侈啊。最后，说这个"镇"比较发达，是因为这里居然有个卫生院，卫生院里面住着一位赤脚医生。我也是没有想到啊，后来，就是啤酒和赤脚医生救了我的命。

事情是这样的，一天的山沟沟钻下来，出了许多汗。同学们都是用热水擦身，而我自以为身体好，不怕冷（以前冬天都能够洗冷水澡的），就跳进发电的那条山溪的一个水潭里面去了。夜里我觉得身体有点发热，也没特别在意。我仍然觉得我的身体是非常好的，忘记了刚刚得过一场麻疹，忘记了刚刚从人生的第一次住院中出来，第二天照旧出发去钻山沟。到了中午，停下来吃干粮的时候，我觉得脑子有点发昏。下午继续前行，步履渐渐地沉重起来。当我们从一个山谷里面出来，踏上一片平地，我看见了地平线。不过，我看见的地平线不是平的，而是斜的。一会儿往左边斜，一会儿往右边斜。在这地平线的左晃右晃中，我如一滩泥，倒了下去，昏了过去。醒来的时候，是在营地房间的忽明忽暗的电灯下，打着点滴。老师告诉我我是急性肺炎。人生的第一次肺炎，让我明白了麻疹以后我的身体确实变弱了。从此，我不再洗冷水澡。

急性肺炎，自然是高烧，高烧到 41.5 度。卫生院来的赤脚医生跟我说："不要担心，正在给你上药呢，但是卫生院缺乏葡萄糖，你又吃不下东西，就喝 2 瓶啤酒吧，当作是营养液。"我想，一边打点滴，一边吃啤酒，也是一种痛苦的浪漫。这样痛苦的浪漫持续了 2 天，我居然奇迹般痊愈了。为什么一个急性肺炎痊愈，要说是奇迹般的呢？第一，是以口服啤酒来代替葡萄糖注射。第二，在我们离开营地向赤脚医生致谢的时候，赤脚医生说："你的身体底子很好，我这里根本没有治疗肺炎的药，连降温的药也没有，给你挂的水是维生素 C，你这病是维生素 C＋啤酒治好的。"

越南印象

我在杭州读大学的时候，曾去校门口的马路上，以一种悲哀而肃穆的心情，注视过在对越自卫反击战中牺牲战士的灵枢经过。所以，当"褚建君一人代表团"踏上越南的土地的时候，虽然知道这个国度也是社会主义，但内心的忐忑还是不能够避免的。

我是受 CAN THO 大学和西贡化学公司的邀请，去做两个学术报告，前后花费了 7 天的时间，所有的经费由越方提供。我一直不清楚，"CAN THO"的中文是什么。他们是这样向我介绍的：河内相当于中国的北京，胡志明相当于中国的上海，而 CAN THO 就相当于中国的广州。也许，这是从地理位置上来说的。我只知道，CAN THO 是湄公河三角洲的核心地带，经济比较发达，它的建筑比胡志明市要漂亮一些。到 CAN THO，先得到胡志明，两者之间有 5 小时的车程。

从胡志明市机场出来，已经是当地时间晚上 11 点了。某某航空公司的航班，晚点是正常的事情，而且是有了名的，也不去生它的气。好在胡志明市刚刚下过雨，气温居然不到 30 度。清风徐徐吹来，很是惬意。有人早在等着了，上车的一瞬，回眸看见，鲜艳的越共党旗和越南国旗在猎猎飘扬。前来接待我的人，将我安顿下来，计划第二天一早向 CAN THO 进发。

我早就听说过越南的摩托车多，却怎么也想不到会是这么多！早上起来，推窗一望，我的乖乖，觉得中国的成语"过江之鲫"用在这里最为合适了。真是满街摩托车啊！几乎看不到公交车，几乎看不到出租车，几乎看不到自行车。有限的一些汽车混杂在摩托车的滚滚洪流之中，有如发大水时水面上漂浮着的些许植物叶子。绝大多数人都穿着拖鞋，且不戴头盔。不少摩托车上骑着 2 个人，甚至是 3 个人。女性也非常多，骑车如风。

第二天一早 8 点半，出发往 CAN THO 而去。一个非常惊讶的现象是在穿过胡志明市区的大半个小时中，居然没有发现一盏红绿灯，在这个上班的高峰时间，却没有交通堵塞！另外一个让我非常惊讶的现象是，市区的房子无论新旧，其墙壁都非常薄，真担心它们随时会塌下来。在去 CAN THO 的 5 个小时的旅途之中，我看见路边的那些水泥房子也一例如此。这使我想到这个国家曾经经历过漫长的战争，也使我对匆匆骑车而行、衣着简朴的人们生出敬意来。临行之前，我在沪做一些准备工作，曾经想把湄公河三角洲的地理位置与长江三角洲的来做一个比较，下载越南国家地图的时候，发现南沙和西沙一一在列，心生不快，遂弃之不用。现实与历史同样沉重，相信人们能用智慧解决一切。在密密的椰子树林中一个宽敞的餐馆里，我享受了午餐。要了本地产的啤酒"333"，味道不错，酒精含量5.3％。下午1点多，我们的皇冠轿车终于开上渡船。渡过湄公河，进入CAN THO市，很快入住市中心的Hoa Binh Hotel。我猜想，这个酒店的名字大概就是"和平饭店"吧？

我很快发现两个问题：一是终于到达目的地了，想用手机向国内报个平安，却发现手机虽然有信号，开打时却听到一堆哇啦哇啦的越南语，而电脑上网居然也没有成功；二是由于前一天到达胡志明市太晚，担心接机的人着急，没有在机场用人民币换越南盾。陪同人员离开了，让我自由活动，好好休息休息，这下我就真的只好"休息"了。不得已心生一计：找附近的银行去碰碰运气。银行说，他们是不能将人民币兑换成越南盾的。但是职员却非常友好，告诉我附近有一家金店，也许可以兑换。果然可以，而且比我预计的换回来更多的越南盾：500元人民币居然换回了1060000越南盾，哈哈，我一下子成了百万富翁了！等晚上6点CAN THO大学的两位教授来陪我吃饭的时候，我已经能够讲出最近的大超市在什么地方，而房间内的迷你冰箱里，也已经被我塞满了许多有趣的当地食物了。晚上喝了西贡啤酒，酒精含量 4.9％，味道比"333"要好。与来人讨论了接下来几天的行程。我特别提出，要到海里去游泳。后来，当结束 CAN THO 大学的活动返回胡志明市，并将我"转交"给西贡化学公司之后，越南人还真的专门来回驱车 6 小时，让我到海边去吃喝玩乐了两天。

CAN THO 大学的经历使我终生难忘，那是一所面积甚大且非常美丽的大学。但是，基础设施非常差，差到不敢想象。在校园里面行走的时候，我的脖子上是挂着相机的，一直有将所见到的景象拍摄下来的愿望。但终究是一张都没有拍。为什么不拍呢？是觉得他们实在太穷了，我真的不好意思端起我的相机来拍。男生们在操场上踢足球，那操场就是一块泥地，踢球的一例光脚，连双球鞋都没有；女生们在排球场上打排球，那排球场也是一块泥地，坑坑洼洼，低洼之处还有积水，球网自然是没有的，只有一根绳子拴在两棵树之间。设想一下，面对此情此景，我怎么好意思端起我的相机呢？我甚至觉得，他们学校对我的招待，包括吃的住的，是不是太好了，是不是太浪费了？好在看起来，学生们都是快乐的，没有因为场地的简陋而影响了他们的兴致。

叁

古诗文中的生物多样性

俯察品类之盛

——浅析古诗文中的若干植物

　　王羲之在《兰亭集序》中写道："此地有崇山峻岭，茂林修竹，又有清流激湍，映带左右"。"是日也，天朗气清，惠风和畅。仰观宇宙之大，俯察品类之盛，所以游目骋怀，足以极视听之娱，信可乐也。"按照现代的话来说，王羲之"俯察品类之盛"，就是关注生物的多样性。孔子《论语·阳货篇》中说："诗，可以兴，可以观，可以群，可以怨；迩之事父，远之事君；多识于鸟、兽、草、木之名。"古代知识分子对于生物多样性的重视，可见一斑。本文试图从古典诗文的若干例子出发，浅析古代知识分子对于植物的认识。

一、《诗经》中的若干植物

　　《诗经·国风·周南》的开篇《关雎》里面有"参差荇菜，左右流之""参差荇菜，左右采之""参差荇菜，左右芼之"的句子。这个"荇菜"在上古时期是一种美食，可以煮汤，柔软滑嫩。荇菜是龙胆科荇菜属的一种浅水性植物，可漂浮于水面或生于泥土中。它的茎细长而柔软，节上生根。叶片如同睡莲，小巧别致。花黄色，数量多，挺出水面开放，花期长。现在多用于庭院中点缀水景。

《诗经·国风·周南》的第二篇《葛覃》，对"葛"这种植物的描写不惜笔墨："葛之覃兮，施于中谷，维叶萋萋。""葛之覃兮，施于中谷，维叶莫莫。是刈是濩，为絺为绤。"这不仅正确地描述了葛这种豆科藤本植物的外貌与生长习性，还指出了它的用途：絺就是细葛布，绤就是粗葛布。虽然，近现代人们不再用葛来制作衣物了，但葛根粉的保健价值一直受到人们的重视。李汝珍在《镜花缘》中有这样一段文字："葛根最解酒毒，葛粉尤妙。此物汶山山谷及沣鼎之间最多。据妹子所见，惟有海州云台山所产最佳。冬月土人采根做粉货卖，但往往杂以豆粉，惟向彼处僧道买之，方得其真。"李汝珍是连云港人，据他自己这个说法，当时的葛根粉已经供不应求，乃至出现假货了。

《诗经·国风·周南》的第三篇是《卷耳》，直接用植物的名字来做题目了。"采采卷耳，不盈顷筐"，卷耳是石竹科卷耳属的草本植物，全株密生柔毛，茎簇生、直立，高30厘米，顶部的嫩茎叶可供食用。卷耳全草可供药用，治乳痈、小儿风究、咳嗽，并有降压作用，还可治阴虚阳亢、心悸、失眠症、头晕目眩、耳鸣、高血压、风湿痛等。有人将卷耳误认为"苍耳"，这可能是因为卷耳的别称有叫苍耳的，而苍耳的别称也有叫卷耳的。事实上，苍耳是一种菊科的一年生草本，高可达 1 米。叶卵状三角形，长 8～10 厘米，宽 5～10 厘米，两面有贴生糙伏毛。除了苍耳可供药用之外，将这么高大、粗糙的草本植物用作食物是难以想象的。

《诗经》中出现植物的频率是相当高的，《诗经·国风·周南》的第四篇就有"南有樛木，葛藟累之""葛藟荒之""葛藟萦之"等句子。《国风》是周代的民歌，真实反映了当时的人们对自然界的亲近与了解。而知识分子也能够对这些来自生活和自然的植物内容，加以采纳和应用。相比之下，现代人与自然万物的距离，是渐行渐远了。

二、香草美人中的香草

汉王逸《离骚序》："《离骚》之文，依《诗》取兴，引类譬谕，故善鸟、香草、以配忠贞，……灵修、美人，以譬于君。"后以"香草美人"比喻忠贞贤良之士。屈原的《湘夫人》通篇不及 240 字，却多次提到种类繁多的植物。如果仅仅把这些植物当作"香草"的符号来看待，我们在欣赏《湘夫人》的时候，就难免会存在不足。下面这些句子，都是有关具体植物名字的："登白薠兮骋望""鸟何萃兮苹中""沅有芷兮澧有兰""葺之兮荷盖""荪壁兮紫坛，播芳椒兮成堂""桂栋兮兰橑，辛夷楣兮药房""罔薜荔兮为帷，擗蕙櫋兮既张""疏石兰兮为芳""芷葺兮荷屋，缭之兮杜衡""搴汀洲兮杜若"。

"白薠"为何物，《辞海》解释为"薠草，秋生，似莎而大，生江湖间，雁所食"。现代有人专门对"薠"字作了考证，认为有可能是"蘋"，因为这两个字的形状非常接近。但是，《湘夫人》中已经有了"鸟何萃兮苹中"，这里"苹"字的繁体应该就是"蘋"。无论从植物本身还是从字、词的写法上，将"白薠"混作"白蘋"是难以想象的。所以，关于"白薠"的意思，应该着落在"似莎而大"的解释上。"莎"为莎草科植物，今名"香附子"，茎三棱形，为常见多年生杂草。《淮南子·览冥》："田无立禾，路无莎薠。"将"莎"与"薠"放在一起对待。这样看来，一直语焉不详的"白薠"应该是比莎草略大而形态相似的一种水生植物。那么"登白薠兮骋望"的意思，应该是登高而骋望白薠了。

"荪"是一种菖蒲科的水生草本植物，有香味，可提取芳香油。喜生于沼泽、沟边、湖边。我国端午节有把菖蒲叶和艾捆一起的习俗。至于木兰科的辛夷、桑科的薜荔、睡莲科的莲、马兜铃科的杜衡、鸭跖草科的杜若等，现代依然沿用相同的名字，只是人们很少关注罢了。

《离骚》中的这些香草或植物，支持并丰富了美人意象，有助于构建巧妙的象征比喻系统，使得文字内容显得神秘而生动。

三、诗词中的植物

> 罗浮山下四时春，卢橘杨梅次第新。
>
> 日啖荔枝三百颗，不辞长作岭南人。

苏东坡的这首七言绝句，人们耳熟能详。对于杨梅、荔枝，人们非常熟悉。那么，"芦橘"是什么呢？是一种橘子吗？从诗人的描述来看，"芦橘杨梅次第新"，芦橘应该比杨梅要成熟得早。而我们知道，在没有"反季节"水果的时候，橘子的成熟应该是秋后的事情了。这首诗歌说明，苏东坡对植物物候的观察是非常准确的。原来，这里提到的芦橘并不是橘子，而是枇杷。枇杷是蔷薇科的植物，原产中国，中文古名芦橘，又名金丸、芦枝。

> 木末芙蓉花，山中发红萼。
>
> 涧户寂无人，纷纷开且落。

王维的这首《辛夷坞》展示了他对植物生长特点的了解。辛夷、芙蓉花，这里指的都是玉兰花，属于木兰科的植物。大凡植物的花的发生，有两种状态：要么是单独一朵一朵开放的，如玉兰、桃花；要么是一群一群开放的，如葡萄、向日葵。而单独开放的花，也只有两个发生部位：要么是枝条的顶端，也就是末端，如玉兰；要么是枝条的侧面，如桃花。"木末芙蓉花"，就是盛开在枝条顶端的玉兰花。"涧户寂无人，纷纷开且落"则描述了玉兰花花期不长的特点。可见，对于植物的认识，有利于提高诗人诗词写作的技巧和境界。

现在，我们把高等植物分为苔藓植物、蕨类植物和种子植物。中国古代的知识分子，在诗词中，大量涉及这些植物。如，关于苔藓植物的有刘禹锡《陋室铭》：

"苔痕上阶绿，草色入帘青。"王维《宫槐陌》："仄迳荫宫槐，幽阴多绿苔。"王维《书事》："坐看苍苔色，欲上人衣来。"刘孝威《怨诗》："丹庭斜草径，素壁点苔钱。"李白《金陵凤凰台置酒》："六帝没幽草，深宫冥绿苔。"辛弃疾《水调歌头》："笑吾庐，门掩草，径封苔。"关于蕨类植物的有《诗经·小雅·

四月》："山有蕨薇，隰有杞木夷。"《诗经·国风·召南》："陟彼
南山，言采其蕨。"王禹偁《读史记列传》："西山薇蕨蜀山铜，
可见夷齐与邓通。"智圆《赠林逋处士》："风摇野水青蒲短，雨
过闲园紫蕨肥。"杨万里《与主簿叔蔬饮联句》："蕨含春味紫如
椽，酒入春风浪似山。未信乾坤非细物，小吞螺浦半杯间。"

四、蘋、萍、苹辨析

　　蘋、萍、苹，这三个字，都与植物有关。有必要辨析清楚。

　　杜甫《东屯月夜》诗："抱疾漂萍老，防边旧谷屯。"明代李
景福《暮春遗意》诗："三春看又尽，身世一飘萍。"文天祥《过
零丁洋》诗："山河破碎风飘絮，身世浮沉雨打萍。"这个"萍"，
是指浮萍科的植物，属于种子植物中的单子叶植物。我国有三
属，六种，如浮萍、紫萍等。这类植物，浮水、生于淡水中；植
物体退化为鳞片状体，微小，有根或无根，常以出芽法繁殖。由
于它"居无定所"，常用以喻不定的生活或行踪。常见的词语有
萍泊、萍踪、萍水相逢等。

　　《诗经》有："于以采苹？南涧之滨。"这个"苹"应该是繁
体字"蘋"的简化形式。繁体字的"蘋"或简体字的"苹"，是
指苹科植物。这类植物与浮萍科植物不同，不是种子植物，而是

蕨类植物。苹科的植物，一般为多年生水生植物，茎横卧在浅水的泥中，叶柄长，顶端集生四片小叶，亦称"大萍""田字草"。全草可入药，亦作猪饲料。从植物本身的特性来讲，"萍"是可以无根而漂浮的，"苹"则是有根而定植于泥土中的。所以，这两个字在应用上，应该有严格的区别。需要说明的是，蕨类植物中有一个科，叫作槐叶苹科（也有做槐叶蘋科），里面有一种植物叫槐叶萍，多生于水田、沟塘和静水溪河内，也叫槐叶苹、蜈蚣萍。"萍""苹"莫辨，到了如此的地步。

至于"蘋"，若当繁体字对待，则可以当作简体字的"苹"。但是，若作为简体字使用，它的发音是 pin，而不是 ping。按照"平水韵"，"萍"属于"九青"，与青、经、泾、形、刑、邢、型、陉、亭、庭等放在一起。"蘋"的简写体"苹"则属于"十一真"，与真、因、茵、辛、新、薪、晨、辰、臣、人等放在一起。所以，"蘋"这个字的使用比较复杂，需要仔细推敲。

五、我国古代的植物分类

对于古人来说，植物的功能主要在于"食""药"两方面。如，作为五谷之一的水稻，在《管子》《陆贾新语》等古籍中，均有约公元前 27 世纪被栽培的记载。《史记·夏本纪》："禹令益予众庶稻，可种卑湿。"表明公元前 21 世纪，中国人就开始利用"卑湿"地带发展水稻生产了。《淮南子》："神农尝百草，一日而遇七十毒。"这些都说明了我国远古时期对于植物种类及其功用的认识、研究与利用。

东汉（25—220 年）时期的《神农本草经》，记载药物 365 种，分上、中、下三品。上品 120 种：为滋养身体的药和常服药；中品 120 种；下品 125 种：为专攻病、毒的药。如，关于人参，有这样的描述："气味甘，微寒，无毒。主补五脏，安精神，定魂魄，止惊悸，除邪气，明目开心益智。久服轻身延年。"这种对于植物的认知和分类，是按照人们对于资源利用的需要和方便来进行的，是"人为分类法"。我国采取人为分类法对植物进行分类的典型例子，是李时珍 1590 年发表的《本草纲目》。在这本经典的药学古籍中，李时珍将植物分为草、谷、菜、果、木五部。草又分山草、芳草、湿草、青草、蔓草、水草等 11 类；木部分乔木、灌木等 6 类。1659 年国外以拉丁文出版的时候称之为 *Flora sinensis*。

这样的分类方法，虽然不再适合当代生物学信息急剧膨胀的状态，尤其是有了生物进化的理论之后，人们开始重视物种与物种的亲缘关系，并按照亲缘关系提出了一些"自然分类"的系统。但是，从应用和方便的角度来看，李时珍对于植物特性描述的许多术语，当前仍在使用。至于《本草纲目》其他方面，尤其是药学方面的价值，一直有待于人们做持续的研究。

结语

俯察品类之盛，是关注生物多样性。这不仅是现代生物学领域的事情，也是人类为之感兴趣的人文问题之一。期望通过这篇小文，能够鼓励大家重视自然万物，亲近自然、认知万物，从而提高我们对自然界和人类自己的认识。

谢兰阮竹陶潜菊

我爱兰也爱蔷薇，我爱诗也爱图画，我如今又爱了梅花，我于心有何惧怕？

这是郭沫若的诗歌《瓶》中的句子。对于郭沫若爱花来说，自然是见什么爱什么。只要他暂时地喜欢，心里就毫不觉得害怕。世界上能够开花的植物有 20 多万种，中国也有 3 万多种，要是一样一样地爱过来，估计是谁也做不到的。所以，人们往往选择自己所好，正所谓"情有独钟"。这使我想起"谢兰阮竹陶潜菊"的风雅说法来。

谢灵运、阮籍和陶渊明，都是魏晋时期的人。按照生卒年份来说，阮籍最早（210—263 年），陶渊明次之（365—427 年），谢灵运（385—433 年）最晚。但陶、谢两人有长达 32 年共同在世的时间。"魏晋风度"云云，应该在这三位诗人身上都有鲜明的表达。本文无意于从历史的角度来考察三位先贤的种种，而是从与他们名字紧密关联的植物竹、兰、菊出发，试图挖掘出一点趣味来。

竹生空野外，梢云耸百寻

《诗经·国风·淇奥》云："瞻彼淇奥，绿竹猗猗。有匪君子，如切如磋，如琢如磨。""瞻彼淇奥，绿竹青青。有匪君子，充耳琇莹，会弁如星。""瞻彼淇奥，绿竹如箦。有匪君子，如金如锡，如圭如璧。"这虽然是一首赞美"君子"的诗歌，但这君子所处环境里面的竹子一样给人留下深刻的印象。也许从这时起，竹子便与君子之间建立起了某种特殊的关联。

阮籍、嵇康等七人相与友善，常一起聚于竹林之下，肆意欢宴，人称"竹林七贤"。这之后，人们常用竹林宴、竹林欢、竹林游、竹林会、竹林兴、竹林狂、竹林笑傲等形容文人雅士放荡不羁的饮宴游乐生活。如李白《流夜郎至江夏》诗："恭陪竹林宴，留醉与陶公。"又《陪侍郎叔游洞庭醉后三首》之一："今日竹林宴，我家贤侍郎。"萧统《咏山涛王戎诗二首》之一："山公弘识量，早厕竹林欢。"萧钧《晚景游泛怀友》诗："一辞金谷苑，空想竹林游。"储光羲《仲夏饯魏四河北觐叔》诗："东篱摘芳菊，想见竹林游。"綦毋潜《送郑条拜伯父》诗："奉料竹林兴，宽怀此别晨。"辛弃疾《水调歌头·席上为叶仲洽赋》词：

"纶巾羽扇颠倒，又似竹林狂。"沈约之《复挽于湖居士》诗：
"竹林笑傲今陈迹，抚樉江皋涕泫然。"在骚人墨客普遍喜欢的梅
兰竹菊之中，竹子占有重要的一席，受到如此的器重，实在是很
不寻常。因为竹子本身不是花。甚至很少有人知道竹子开花会是
怎么一个模样。

其实，《山海经》中就有描述："竹六十年一易根，而根必生
花，生花必结实，结实必枯死，实落又复生。"《晋书》中也有类
似的记载："晋惠帝元康二年，草、竹皆结子如麦，又二年春巴
西群竹生花。"近代，中外有关竹子开花的记载也不少。例如，
1907 年，日本的淡竹开花，而远隔万里的英国皇家植物园中的淡
竹也同时开了花。又如，1933 年，我国浙江嘉兴的竹林开花，而
安徽六安马头镇周围 10 公里的竹林也全部同时开花。竹子虽然
是木本植物，按照亲缘关系来划分，却是禾本科的，与水稻、小
麦、玉米，乃至狗尾草是近亲。我们知道，水稻、小麦、玉米、
狗尾草在开花结实之后，整个植株都要枯死，以便使其蕴含的营
养最大限度地传给下一代。竹子也是如此，"结实必枯死"。只不
过竹子开花少则数十年，多则逾百年。而在这么长的时间之内，
竹子早就被砍下来去作现实的用途了。

因此，世人要看竹子开花，真的比看铁树开花还难。

竹生空野外，梢云耸百寻。无人赏高节，徒自抱贞心。耻染湘妃泪，羞入上宫琴。谁人制长笛，当为吐龙吟。

如果了解了竹子的生长规律，再来看梁时刘孝先的这首诗《竹》，就会别有一番滋味在心头。现时人们在歌咏竹子的时候，多赞美它的"虚心""有节"，却很少有人赞美它牺牲自己，惠及下一代的情怀。从另外一个侧面来讲，竹子展现给人们的，始终是一副"猗猗""青青"的样子，而拒绝展露它最后的灿烂。这或许也是生存之道的一种。

苏轼《阮公啸台》诗云："阮生古狂达，遁世默无言。犹余胸中气，长啸独轩轩。高情遗万物，不与世俗论。登临偶自写，激越荡乾坤。醒为笑所发，饮为醉所昏。谁能与之较，乱世足自存。"

是的，在当时的环境下，阮生之"乱世足自存"殊为不易。如今，阮籍连同他的小伙伴们，早已烟消云散，但他们遗存的风格与情怀，依然如同无边的修竹，耸立在旷野之外。

采菊东篱下，悠然见南山

菊花在中国的栽培历史已有 3 000 多年。西汉人编纂的《礼记》，是对秦汉以前的礼仪著作加以辑录。其中，《月令篇》有："季秋之月，鞠有黄华。"记载的是菊花在秋月开花，当时都是野生种，花是黄色的。从周朝至春秋战国时期的《诗经》和屈原的《离骚》中也有菊花的记载。如《离骚》有"朝饮木兰之堕露兮，夕餐秋菊之落英"之句。据说，在秦朝的首都咸阳，曾出现过菊花展销的盛况，可见当时菊花栽培之普遍了。

陶渊明爱菊成癖是众所周知的。他在《和郭主簿》（其二）中写道："芳菊开林耀，青松冠岩列。"《饮酒》（其七）云："秋菊有佳色，裛露掇其英。泛此忘忧物，远我遗世情。"《九日闲居》有："酒能祛百虑，菊解制颓龄。"并作小序云："余闲爱重九之名，秋菊盈园，而持醪靡由，空服九华，寄怀于言。"诚然，陶渊明关于菊花最负盛名的句子，是《饮酒》（其五）中的"采菊东篱下，悠然见南山"。陶渊明以田园诗人和隐逸者的姿态，赋予菊花超凡脱俗的风范。从此，菊花也便有了隐士的灵性。之后的列朝列代，咏菊的诗词不胜枚举，但多少都能够从中寻找出一丝陶氏的影响来。如李清照的《醉花阴》有："东篱把酒黄昏后，有暗香盈袖。莫道不消魂，帘卷西风，人比黄花瘦。"显然沾染了些许陶家东篱边菊花的味道。东篱，自此只许种菊花，不许植他物。

然而，按照自然分类系统来说，菊花这一类的植物是一个庞大的类群。全世界菊科共有1 300余属,近2.2万种,除南极外,到处都有分布。单从我国栽培的品种来说,虽然古代不是很多,如宋代不过三四十种,清代扩展到300种以上,但如今已达4 000种之巨了。如此巨大的数目,又分布在如此广袤的区域之内,菊花的生活特性自然会有明显的差异,菊花所代表的风范自然也不是单一的"隐者"风范了。若凭借自己固有的想法,去认知菊花的"品性",说不定会闹出什么笑话来。冯梦龙的《警世通言》记载,苏东坡有一次去拜见王安石,刚好王不在,只见案上有《咏菊诗》,只写下头两句:"西风昨夜过园林,吹落黄花满地金。"苏东坡看了暗自好笑,他认为菊花即使干枯,也不会落瓣,于是他续写两句:"秋花不比春花落,说与诗人仔细吟。"王安石读过苏东坡有嘲笑之意的续句以后,觉得苏东坡观察不够全面。后来二人政见不合,苏东坡被贬谪黄州。苏到黄州后,一天正值风雨交加,苏与友人在菊园赏菊,看到了落英缤纷、"满地铺金"的场面。这时才明白当初错批了王安石的诗句。

从形态学上说,我们见到的一朵菊花,其实不是一朵菊花,而是一群菊花。我们所看到的菊花的每一片花瓣,其实不是花瓣,而是一朵花。用同属于菊科的向日葵来说明:硕大的葵花是一群花。周边黄色的扁扁的每一个"花瓣",其实是由5片花瓣联合组成的一朵花,叫作舌状花;中央部分密密麻麻的没有鲜艳颜色的，是许许多多的管状花。每一朵管状花发育成一个果实，就是葵花籽。所以，世人如果将果实葵花籽当作瓜子——瓜类的种子，实在是一个不小的错误。

由此，我们知道，菊花实际上是一个由许多舌状花组成的集体，谓之花序。菊科的这种花序有个专门的名称：头状花序。

当今时代与陶渊明时代有着很大的不同，所以，我们在欣赏田园诗人优雅的人文情怀的同时，也应该赋予他的诗歌以积极的意义。让我们在满怀热情地投入现实生活的时候，可以拥有一颗自然平和的心灵。

采蕙遵大薄，搴若履长洲

我国古籍对兰蕙的记载可以追溯到孔子时代。王肃《孔子家语》有："与善人居，如入芝兰之室，久而不闻其香，即与之化矣。"又有："芝兰生于幽谷，不以无人而不芳。"虽然兰科植物数量庞大，全世界超过2万种，我国超过1千种，但它们有着共同的特质。宋时的王学贵在《兰谱》中写道："竹有节而蔷花，梅有花而蔷叶，松有叶而蔷香，然兰独并而有之。"

开春献初岁，白日出悠悠。荡志将愉乐，瞰海庶忘忧。策马步兰皋，绁空息椒丘。采蕙遵大薄，搴若履长洲。白花皓阳林，紫蘤哗春流。非徒不弭忘，览扬情弥遒。萱苏始无慰，寂寞终可求。

谢灵运的《郡东山望冥海诗》是一首采兰诗，从中可以看到他寄情山水之间的散淡情怀。作为山水诗派的开拓者和史册所载的第一位大旅行家，谢灵运对于自然风光和生物多样性可谓是阅历无数，却对兰蕙情有独钟。在咏兰的无数文人墨客之中，谢灵运留存下来的诗篇是相对较多的。他的《石门岩上宿》诗写道："朝搴苑中兰，畏彼霜下歇。暝还云际宿，弄此石上月。鸟鸣识夜栖，木落知风发。异音同至听，殊响俱清越。妙物莫为赏，芳醑谁与伐。美人竟不来，阳阿徒晞发。"也许是某种巧合，在笔者看来，谢灵运的一生和命运，与他所钟爱的兰花之间有着高度的契合。

野生的兰花生长在背阴、通风、不积水的山地。多营腐生或附生，也就是依靠别的植物的腐烂来给自己提供营养，或依附在别的植物体上生长。因此"金贵"，在栽培的情况下，对环境的要求比较讲究，否则不易成活或生长不良。种植兰花的泥土最好采用所谓的兰花泥，也就是山上附在岩石凹处的泥土，由植物叶子经风吹雨淋、日晒腐烂而成，土质松软、通气，呈微酸性。我国江南一带习惯于在绍兴会稽山、余姚燕窝岭、富阳石牛山、杭州保山等处采挖兰泥。曾经有"一担兰泥一担米"之称。正所谓"幽兰在山谷，本自无人识。只因馨香重，求着遍山隅"。自古以来，兰花在社会各阶层受到普遍的推崇与欢迎。人们把好的文章称为兰章，把情深意厚的好友称为兰友或兰谊。

谢灵运有个非常不错的出身。他是东晋名将谢玄的孙子，母亲是王羲之的独女王孟姜的女儿刘氏，18 岁便袭封康乐公。东晋安帝义熙元年（405 年）谢灵运 20 岁，出任琅琊大司马行军参军，后任太尉参军、中书侍郎等职。好营园林，游山水，制作出一种"上山则去前齿，下山去其后齿"的木屐，后人称之为"谢公屐"。谢灵运这种肆意遨游、日夜饮宴的生活给他带来了不少麻烦，在南北朝动荡的时代里，连续受到排挤、免职、流放。元嘉十年（433）因罪徙广州，密谋使人劫救自己，事发，被宋文帝以"叛逆"罪名杀害，终年 49 岁。

兰生深山中，馥馥吐幽香。偶为世人赏，移之置高堂。雨露失天时，根株离本乡。虽承爱护力，长养非其方。冬寒霜雪零，绿叶恐雕伤。何如在林壑，时至还自芳。

明代陈汝言的这首诗歌《兰》，难道不正是谢灵运一生的写照吗?

结语

"谢兰阮竹陶潜菊",用世俗的方法来做个提问:是人沾植物的光多一点呢,还是植物沾人的光多一点?在这个浩瀚的天地之间,曾经的历史人物和绵延不绝的物种多样性,真的是多得数不过来。人们将某个物种打上某个人的印记,或者将某个人物打上某个物种的印记,都是极其难得的事情。

有人好色称护花,有人好色称淫棍;有人嗜酒叫酒仙,有人嗜酒叫酒鬼;窃国者侯,窃钩者诛。饮宴竹林的豪放、种豆南山的飘逸、恣意山水的浪漫,也许正是无奈的逃避。风花雪月、人情世故,一如东去的长江绵绵不绝。我想起张九龄的诗歌《感遇》:

兰叶春葳蕤,桂华秋皎洁。欣欣此生意,自尔为佳节。谁知林栖者,闻风坐相悦。草木有本心,何求美人折。

古典诗文中植物的"演化"

　　《史记·伯夷列传》载："武王已平殷乱，天下宗周，而伯夷、叔齐耻之，义不食周粟，隐于首阳山，采薇而食之。"《诗经》有《采薇》诗云："采薇采薇，薇亦作止。""采薇采薇，薇亦柔止。""采薇采薇，薇亦刚止。""薇"这种植物，现在有了一个新的中文名：大巢菜。按照国际植物命名法规，它的拉丁学名为 Vicia sativa。这种植物属于豆科，曾经也被叫作救荒野豌豆，全株幼嫩部分可供食用。遇到的问题是："你居然知道薇?""《诗经》里面的植物现在还有吗?"诸多此类的提问，似乎暗示着古代诗文中的植物，早已随着诸子先哲们一起烟消云散了。至少，曾经的物种应该已经演化成别样的新的生命形式了吧?

　　据报道，瑞典北部地区生长着一棵树龄 7 800 年以上的挪威云杉。这株植物在地球上的存在时间，比人类的文明史还要悠久。事实上，超过 3 000 年的树种在世界各地频有发现。要是这些植物有知，它们观察树底下人类的芸芸众生，犹如人类观察蝼蚁一样。一株植物的命运是如此的长久，且不说生物的演化是以群体为单位，需要几百万年的时间作为基础，古诗文中的植物缘何就演化了呢？缘何就演化得使人们不再认识了呢？

此物非彼物

方干有一首《初归镜中寄陈端公》诗：

> 去岁离家今岁归，孤帆梦向鸟前飞。
>
> 必知芦笋侵沙井，兼被藤花占石矶。
>
> 云岛采茶常失路，雪龛中酒不关扉。
>
> 故交若问逍遥事，玄冕何曾胜苇衣。

诗中的植物芦笋，与当今席上之佳肴"芦笋"实非同类。此物非彼物也。我国古诗文中的芦笋，应指芦苇向上生长的嫩茎。芦苇，又称蒹葭，为禾本科芦苇属植物。生长在灌溉沟渠旁、河堤沼泽地等低湿地或浅水中，可保土固堤。苇秆可作造纸和人造棉原料，也供编织席、帘等用；嫩时为优良饲料；其芽也可食用；花絮可做扫帚、填枕头；根状茎叫作芦根，中医学上可入药。古诗文中芦笋的生长季节，正是春夏之交，万物欣欣向荣之时，常引得骚人墨客感物抒情。

方干另有《春日》诗：

> 春去春来似有期，日高添睡是归时。
>
> 虽将细雨催芦笋，却用东风染柳丝。
>
> 重雾已应吞海色，轻霜犹自剉花枝。
>
> 此时野客因花醉，醉卧花间应不知。

又张籍诗云：

> 边城暮雨雁飞低，芦笋初生渐欲齐。
>
> 无数铃声遥过碛，应驮白练到安西。

王维诗云：

> 怜尔解临池，渠爷未学诗。
>
> 老夫何足似，弊宅倘因之。
>
> 芦笋穿荷叶，菱花罥雁儿。
>
> 郗公不易胜，莫著外家欺。

苏轼亦有诗云：

溶溶晴港漾春晖，芦笋生时柳絮飞。

还有江南风物否，桃花流水鲻鱼肥。

值得一提的是，宋理宗时曾拜右丞相兼枢密使的吴潜，也称水利专家，对水边的环境及生态，有着独特的感觉。其有《水调歌头》词为证：

若说故园景，何止可消忧。买邻谁欲来住，须把万金酬。屋外泓澄是水，水外阴森是竹，风月尽兜收。柳径荷漪畔，灯火系渔舟。　且东皋，田二顷，稻粱谋。竹篱茅舍，窗户不用玉为钩。新擘黄鸡肉嫩，新斫紫螯膏美，一醉自悠悠。巴得春来到，芦笋长沙洲。

而今，芦笋早已"演化"成了另外一种植物。上汤芦笋便是人人皆知的席上佳肴。此芦笋，其植物名为石刁柏，隶属百合科。原产于地中海东岸及小亚细亚，17世纪传入美洲，18世纪传入日本。中国栽培芦笋从清代开始，仅100余年历史。所谓芦笋者，指其食用的嫩茎，形似芦苇的嫩芽和竹笋，故称之。

此物非彼物的例子不胜枚举。《诗经》有"投我以木瓜，报之以琼琚。匪报也，永以为好也"，此木瓜原产中国，为蔷薇科木瓜属的植物。典型的有木瓜海棠和贴梗海棠。这与当今深受消费者青睐的番木瓜不可同日而语。番木瓜，为番木瓜科植物，原产东南亚，大概17世纪明朝后期传入中国，因外形与中国木瓜相似，故名。

一物多名

> 洗沐唯五日，栖迟在一丘。
>
> 古槎横近涧，危石耸前洲。
>
> 岸绿开河柳，池红照海榴。
>
> 野花宁待晦，山虫讵识秋。
>
> 人生复能几，夜烛非长游。

这首《山庭春日》，为南北朝时期江总所写。诗中的海榴，就是山茶花。江总的这首诗歌，是目前能够找到的最早的茶花诗。稍后的隋炀帝杨广也写过一首有山茶花在内的《宴东堂》：

雨罢春光润，日落暝霞晖。

海榴舒欲尽，山樱开未飞。

清音出歌扇，浮香飘舞衣。

翠帐全临户，金屏半隐扉。

风花意无极，芳书晓禽归。

李白也有一首《咏邻女东窗海石榴》，诗云：

鲁女东窗下，海榴世所稀。

珊瑚映绿水，未足比光辉。

清香随风发，落日好鸟归。

愿为东南枝，低举拂罗衣。

无由共攀折，引领望金扉。

"海榴世所稀"，反映了诗中的山茶花应该是比较名贵的，非"俗物"。

山茶花，又名茶花。古名海石榴，别称玉茗花、耐冬等，是中国传统名花。从园艺上说，山茶花不是一种植物，而是一类观赏植物。按照植物自然分类的方法，山茶花是山茶科山茶属的植物，包括几个不同的种。由于此类植物原产我国西南边陲，它的发现和被人认知、认可相对较晚。一直到宋代，山茶花的栽培之风才传至民间。诗句"门巷欢呼十里村，腊前风物已知春"，就是描写南宋时期成都海六寺茶花的盛况的。大概也是这个时期，人们在诗文之中开始称此类植物为山茶花或茶花了。有陆游诗为证：

东园三日雨兼风，桃李飘零扫地空。
惟有山茶偏耐久，绿丛又放数枝红。

茶花不仅耐寒，还开得持久。陆游在这首《山茶一树自冬至清明后著花不已》诗中，赞叹了这种"耐久"的品质。之后，明代李时珍的《本草纲目》、清代朴静子的《茶花谱》等，都对茶花有着详细的记述。

此种一物多名的情况，在古诗文中比比皆是。最令人叹为观止的是玉米的名称，据考证达到 90 多种。其中如棒儿米、棒子、腰粟、鹿角黍等的称谓，考虑到了穗的特征，容易让人理解。但如西番麦、西天麦、回回大麦等名称，虽然容易联想到域外的来源，却难以和玉米联系在一起。造成这种情况的原因，大概是由于当初种种信息交流不畅，各地对同一个物种给予了不同的名称。而这些名称，又会随着时间的变化和环境的变化而演变。

误读

> 红豆生南国，春来发几枝。
>
> 愿君多采撷，此物最相思。

王维的这首七言绝句人人耳熟能详，诗中的红豆却不是人人都能识得。不少人，将赤豆与红豆混为一谈。这也难怪，一般的辞书在介绍赤豆时，是这样说的：赤豆，又名红豆，是一年生直立或缠绕草本植物。既然赤豆又名红豆，那么反过来，红豆也就是赤豆了。其实，在有关物种的命名上面，如此这般的想当然是一种误读。正如在解释《诗经》中的"卷耳"时所犯下的错误一样：卷耳又名"苍耳"，是菊科的一种草本植物。"卷耳又名苍耳"，这应该是没有问题的，名字随便叫。但是接下来的解释"是菊科的一种草本植物"，就完全错误了。卷耳是相对低矮的石竹科的草本植物，嫩时可以食用，而非高大粗糙的菊科草本植物，连猪牛都不吃的。红豆是红色的，赤豆也是红色的。但赤豆是一年生直立或缠绕的草本植物，红豆则是落叶乔木。

近几年，随着人们对健康保健的日益重视，一种几乎被传说成具有神奇效用的植物——红豆杉，引起了人们的重视。其中，南方红豆杉还被列为国家一级保护植物。人们欣喜地看到，红豆杉的种子浑圆、红色而美丽，便立刻联想到了王维的这首诗。事实上，即便单纯从文字本身来看，"红豆杉"是一种"杉"而非一种"豆"。此间的"红豆"云云，是说它的种子貌似红豆而已。诚然，红豆杉被当作红豆，也是一种误读了。

在现代社会学科细分的背景下，不要说自然科学与人文科学之间缺乏足够的沟通，即使同处一个大学科，不同领域间往往也缺少必要的相互了解。研究大麦的可以不知道小麦，研究小麦的可以不知道大麦。对古诗文中的物种名字，因望文生义而产生误读，自然便不可避免了。

关于演化

> 蒹葭苍苍，白露为霜。
>
> 所谓伊人，在水一方。
>
> 溯洄从之，道阻且长。
>
> 溯游从之，宛在水中央。

虽说物种的演化是以百万年为时间单位的，但环境的变迁会导致物种分布格局的改变。《蒹葭》出自"秦风"，其中的所谓伊人究竟是暗指贤臣还是美女，且不去说它。值得关注的是诗中的环境，"溯洄从之""溯游从之"等句子，明白无误地反映了此诗所产生的生态环境。按照现代的话来说，大有江南水乡的感觉。两三千年的岁月弹指一挥，如今的陕西省一带，何处还能找到"蒹葭苍苍"的水乡景色？

毫无疑问，我们所阅读到的古诗文中的环境，如今已经发生了巨大改变。那么，生长在相关环境中的植物的种类，也会出现相应的变迁。当我们分析古诗文中的物种的时候，有必要将当时的环境及其演化过程考虑在内。

韩愈有诗云：

五月榴花照眼明，枝间时见子初成。

可怜此地无车马，颠倒青苔落绛英。

诗中的榴花就是现在的石榴。石榴一物，原产伊朗等国家，西汉时期引入我国，从此得到国人广泛的喜爱。如石榴这般的物种，次第从异域引进，实际上也在古诗文当中留下了"演化"的痕迹。按物种引进的来源来看，其间的命名也有一些大体的规律。如唐以前引进的物种，多冠以胡字（如胡麻，原指脂麻、芝麻）；唐以后，新引进的物种，多冠以番字（如番薯、番豆、番茄、西番菊等）；明初对外来物种曾直接使用音译（如烟草原译淡巴菇）；清代从海路传入的物种多冠以洋字（如洋芋、洋葱）；民国之后，采用音译的渐趋增加（如咖啡、咖喱等）。

国学与西学的结合

古诗文中涉及的物种何其之多，若仅仅根据各种辞书或文献去一一考证，实在是一件力不从心的事情。何况，由于以讹传讹在所难免，所以需要现代的分类学的参与，方能将古诗文中的诸多物种落到实处。可行的方法，是给相关的物种以一个拉丁文的学名。拉丁文基本上是一种"死了的"文字，不会再有含义上的演变，因此用它来定名物种最为合适。

如今，正规的植物园和动物园等对其展览的物种都清楚地标明了其拉丁文学名，以供参观者观摩。笔者认为，在学习和欣赏国学的时候，也不妨结合一点"西学"的内容，以使我们能够更好地消化、吸收祖国的瑰宝。

说莲

江南可采莲，莲叶何田田，鱼戏莲叶间。鱼戏莲叶东，鱼戏莲叶西。鱼戏莲叶南，鱼戏莲叶北。

这首汉乐府大概是最早的采莲诗。乐府本是汉时设立的掌管音乐的官署，除了编曲配乐之外，还收集民歌。相关的乐章、歌词后来统称为乐府诗或乐府。对于此诗的艺术特色，姑且不谈。只说此诗乃现存 40 余首西汉乐府之一，来源于民间，反映了当时江南采莲热闹而欢乐的场面。自此诗始，历代文人不惜笔墨，对莲这种植物给予了大量酣畅淋漓的描绘与歌咏。

从分类学上讲，莲是睡莲科的多年生草本挺水植物。原产中国，又称莲花、荷花，古称芙蓉、菡萏、芙蕖。这种植物具有根状茎，也就是分节的藕。根状茎生长在池塘或河流底部的淤泥中，而叶子具有较长的叶柄，将叶片本身挺出水面。在伸出水面的花茎上，着生单朵的花，偶尔也有双朵或更多的。叶片大者直径可达 60 厘米，花冠大者直径可达 20 厘米。莲有许多不同的栽培品种，花色从白色、黄色到淡红色、深黄色和深红色均有。

北宋周敦颐的《爱莲说》写道：

水陆草木之花，可爱者甚蕃。晋陶渊明独爱菊；自李唐来，世人盛爱牡丹；予独爱莲之出淤泥而不染，濯清涟而不妖，中通外直，不蔓不枝，香远益清，亭亭净植，可远观而不可亵玩焉。予谓菊，花之隐逸者也；牡丹，花之富贵者也；莲，花之君子者也。噫！菊之爱，陶后鲜有闻；莲之爱，同予者何人；牡丹之爱，宜乎众矣。

这篇短文章以"出淤泥而不染"来描绘莲的气度、风节，寄予作者对理想人格的追求。从此，"出淤泥而不染"成为描绘莲的千古名句。

莲的诗情画意

郭沫若曾经写过一首《咏睡莲》诗：

不要误会，我们并不是喜欢睡觉；

只是不高兴暮气，晚上把花闭了。

一过了子夜我们又开得很早，

提前欢迎着太阳朝气的到来。

这首诗出自 1959 年出版的《百花齐放》，在植物学方面给人以一定的启发。我原来一直以为，睡莲科的植物之所以叫睡莲，大概是因为这类植物的叶子大都平躺在水面上，似乎像睡觉了一样。看了"只是不高兴暮气，晚上把花闭了。一过了子夜我们又开得很早，提前欢迎着太阳朝气的到来"，我才去观察这类植物的花，发现一到了晚上，果然统统闭合起来，"睡觉"了。郭沫若植物学知识的丰富可见一斑。

历朝关于莲花或采莲的诗歌，留存者甚众。

南朝梁时的吴均，有《采莲》诗云：

锦带杂花钿，罗衣垂绿川。

问子今何去，出采江南莲。

辽西三千里，欲寄无因缘。

愿君早旋返，及此荷花鲜。

同时期的江洪，有《咏荷》诗：

> 泽陂有微草，能花复能实。
>
> 碧叶喜翻风，红英宜照日。
>
> 移居玉池上，托根庶非失。
>
> 如何霜露交，应与飞蓬匹。

隋朝殷英童，有《采莲曲》：

> 荡舟无数伴，解缆自相催。
>
> 汗粉无庸拭，风裙随意开。
>
> 棹移浮荇乱，船进倚荷来。
>
> 藕丝牵作缕，莲叶捧成杯。

唐朝王昌龄，有《采莲曲》：

> 荷叶罗裙一色裁，芙蓉向脸两边开。
>
> 乱入池中看不见，闻歌始觉有人来。

孟浩然有《夏日南亭怀辛大蓉》诗：

山光忽西落，池月渐东上。

散发乘夕凉，开轩卧闲敞。

荷风送香气，竹露滴清响。

欲取鸣琴弹，恨无知音赏。

感此怀故人，中宵劳梦想。

在这些诗歌之中，莲这种植物被描写得生机盎然。这大概与它的生长规律有关，长江流域的物候期为：四月上旬萌芽，中旬浮叶展开；五月中、下旬立叶挺水；六月上旬始花，六月下旬至八月上旬为盛花期；九月中旬为末花期。莲能够一面开花，一面结实，蕾、花、莲蓬并存，一般七八两月为果实集中成熟期。所谓"人间四月芳菲尽"，春天的万紫千红在夏日高悬的时候，早就消散得无影无踪了。而莲花，却乘着南来的风信，款款而来。在无边的暑色之中，无论是田田的叶子，还是婷婷的花朵，都给人们以无穷的美感与慰藉。

李白的《子夜吴歌·夏歌》有这样的句子：

镜湖三百里，菡萏发荷花。

五月西施采，人看隘若耶。

回舟不待月，归去越王家。

正当五月初夏之际，广阔无垠的镜湖之上，莲荷的花苞纷纷绽开。这时，西施来泛舟采莲，引起轰动。粉丝们争餐秀色，摩肩接踵，以至于宽阔的若耶溪看上去都变得狭隘了。这首诗歌，对莲花本身的描绘虽然着墨不多，却带给读者对于三百里镜湖之夏的无穷遐想。

"花无百日红"，到了十月中下旬，莲的茎叶开始枯黄，植株的地下部分进入休眠。柳宗元《芙蓉》诗云：

有美不自蔽，安能守孤根。

盈盈湘西岸，秋至风露繁。

丽景别寒水，浓芳委前轩。

芰荷料难比，反此生高原。

李商隐有《无题》诗：

飒飒东风细雨来，芙蓉塘外有轻雷。

金蟾啮锁烧香入，玉虎牵丝汲井回。

贾氏窥帘韩掾少，宓妃留枕魏王才。

春心莫共花争发，一寸相思一寸灰。

但下面崔橹的这首《残莲花》诗，更是以物喻人，非常悲惨：

倚风无力减香时，涵露如啼卧翠池。

金谷楼前马嵬下，世间殊色一般悲。

也许，还是用白居易的《衰荷》诗，更加来得隽永、贴切吧：

白露凋花花不残，凉风吹叶叶初干。

无人解爱萧条境，更绕衰丛一匝看。

莲不但入诗、入文，还入画，我国古代留存下来的有关莲或荷花的水墨画不少。如王冕、徐渭、八大山人等的作品，各具特色，给人留下深刻的印象。

并蒂莲

词曰："太液波澄，向鉴中照影，芙蓉同蒂。千柄绿荷深，并丹脸争媚。天心眷临圣日，殿宇分明敞嘉瑞。弄香嗅蕊。愿君王，寿与南山齐比。池边屡回翠替，拥群仙醉赏，凭栏凝思。萼绿揽飞琼，共波上游戏。西风又看露下，更结双双新莲子。斗妆竞美。问鸳鸯、向谁留意。"

北宋晁端礼的这首词，叫作《并蒂芙蓉》。由于"莲"与"怜"同音，一说在古代"怜"即为"爱"的意思，莲即隐语对情人的爱恋。所谓"采莲南塘秋，莲花过人头。低头弄莲子，莲子清如水"，就是暗示感情的纯洁。那么，并蒂芙蓉或并蒂莲，当然便寓意爱情的美好了。难的是，并蒂莲形成的概率非常低。据说，莲花专家曾分别用生长过并蒂莲花的藕种和并蒂莲蓬里的莲子，反复进行过试验，都不能培育出并蒂莲花。目前，并蒂莲的遗传机制尚不清楚，只能天然生成。

宋代植物花谱《全芳备祖》记载：泰始二年（266 年，西晋）嘉莲双葩，并实、合跗、同茎。又《群芳谱》记载：并头莲，晋泰和间（366—371 年）生于玄圃，谓之嘉莲。再有《宋书·符瑞志》称："文帝元嘉（424—453 年在位，为南北朝时期）十年七月华林天渊池芙蓉异花同蒂，莲生建康额檐湖，一茎两花。"这说明，并蒂莲的现象早就受到人们的重视。明朝有诗云："稽首兰云大士前，莫生西土莫生天。愿将一滴杨枝水，洒作人间并蒂莲。"反映了作者对并蒂莲的无限憧憬。

根据江苏《昆山县志》，元末名士顾阿瑛于昆山正仪东亭村兴建"玉山佳处"园林，在池中种植并蒂莲。该园林历经 600 余年沧桑，后荒芜凋敝，但并蒂莲却被流传下来。1934 年冬，时国民政府交通部部长叶恭绰偶得一方古砚，背后刻有《并蒂莲》诗，且又注明莲出自昆山正仪东亭。1935 年，叶氏发起成立"顾园遗址保存委员会"，将东亭荷池重新修葺，池旁建大方亭一座，名"君子亭"。叶氏曾作《五彩同心结》曲，以记其事：

前身金粟俊赏，琼英东亭，恨堕风涡。六百年来事，灵根在，浑似记萝春婆。濠梁王气都消歇，空回首，金谷笙歌。无人际，红香泣露，可增愁，损青娥。栖迟野塘荒潋，甚情移洛浦，影悟恒河。追忆龙华会，招花笑，禅意待证芬陀。五云深处眠鸥稳，任天外尘劫空过。好折供维摩方丈，伴他一树桫椤。

并蒂莲茎秆一枝，有两个莲蓬。所谓的莲蓬，是花的膨大的花托部分。上面聚集着成熟后坚硬的果实，也就是莲子。从生物学的角度来看，将"莲子"换作"莲籽"更为确切。虽然是一字之差，但"子"为种子，"籽"却是果实。"籽"里面包含着"子"。莲可以用种子或根状茎繁殖。值得一提的是，莲子可以存活上千年。1951 年，在辽宁省普兰店泡子屯村的泥炭层里发现了一些莲籽，人们推断它们已在地下静静的沉睡了一千年左右，但是并没有死亡。科学工作者用锉刀轻轻地把古莲子外面的硬壳（果皮）锉破，然后泡在水里，古莲子不久就萌出嫩绿的幼芽来。北京植物园1953年栽种的古莲子，在1955年夏天也开出了粉红色的荷花。不少国家的植物园从我国要去了这种莲花的种子，并已栽种成活。后来，在郑州大河村的仰韶文化遗址中也发现了两枚古莲子，估计有三千年以上的历史，由于过于珍贵，未进行栽培试验。

并蒂莲是莲花中的极品，象征着百年好合、永结同心。自古以来，人们将之视为吉祥、喜庆的征兆，善良、美丽的化身。但是愿望归愿望，在莲的种植实践中，人们发现并蒂莲开花之后很难结实。这正应了"华而不实"的古训，不能不说是一件遗憾的事情。

结语

睡莲科属于单子叶植物。按照演化的规律来讲，单子叶植物比双子叶植物要来得进化。但是，睡莲科的植物生长在水的环境里面，这与"水生到陆生"的进化方向不相符合。同时，睡莲科植物的花粉为单沟花粉，这与银杏等裸子植物的特征相同。这样看来，睡莲科的植物，包括莲在内，是单子叶植物中较为原始的类型，换言之，是较为古老的类型。

莲，无论是作为营养器官的根、茎、叶，还是作为生殖器官的花、果实、种子，前人都给予了充分的重视和歌咏。行文至此，突然想起我的儿童时光，我常常在夏天的时候，采一片巨大的莲叶倒扣在头上，作为帽子来玩耍。既不觉"低头弄莲子，莲子清如水"的美妙，也不知"倚风无力减香时，涵露如啼卧翠池"的惨淡。

如今，荷花成为中国的十大名花之一。说明在新的时代背景之下，社会的各界人士，对莲这种植物有着崭新而普遍的好感。当我们漫步十里长堤之上，欣赏着"接天莲叶无穷碧"的时候，当我们身处玲珑小筑之中，品尝着"轻拈愁欲碎，未嚼已先销"的莲藕的时候，有关莲的种种，是否会一起涌上心头？

我的诗词老师复旦大学中文系的胡中行教授，有《咏荷诗》一首。权借来充当本文的结尾：

此生羞入帝王家，动听雌风静听蛙。

之子于归临汉广，伊人在水伴蒹葭。

聘聘不与蔓枝累，袅袅偏收日月华。

周后鲜闻同好者，倾城竞赏牡丹花。

采菊东篱下

——浅谈菊花及其在中国文化中的象征地位

    "采菊东篱下，悠然见南山。"陶渊明的这两句诗，也许幼儿园的小朋友都能够背得出来。仔细分析一下，这里包含人物、地点、情节三要素。据此，我们来做几个提问：为什么"采菊东篱下"的是陶渊明而非其他人？陶渊明为什么采菊而不是别的花？菊花为什么长在东篱下而不是深山幽谷？这样一问，也许就会联想到菊花为什么在中国文化中占有独特的地位了。笔者认为，正是菊花本身的生物学特性，很好地契合了中国古代知识分子的某些特质和价值取向，才使菊花成了中国文化之中的一个重要符号。反过来说，菊花"宁可枝头抱香死""不随黄叶舞西风"之类的种种人格化品质，乃是人们理想主义的寄托。正所谓"仁者见仁，智者见智"，古代知识分子流传下来的涉及菊花的各种诗文、图画，从若干不同的侧面，构建了奇特的中国菊文化的立体形象。

鞠有黄华

西汉人编纂的《礼记》，是对秦汉以前的礼仪著作加以辑录。其中，《月令篇》有"季秋之月，鞠有黄华"，记载的是菊花在秋月开花，当时都是野生种，花是黄色的。从周朝至春秋战国时代的《诗经》和屈原的《离骚》中也有提到菊花的。如《离骚》有"朝饮木兰之堕露兮，夕餐秋菊之落英"之句。这时期的菊花，尚无后来人们赋予它的种种秉性。之所以能够引起人们的关注，大概是因为菊花类植物的普遍、花色金黄灿烂、具有芳香、容易从野生状态转为栽培。从它开花的季节来看，正值秋天，大多数别的花卉早已凋零，爱花的人们自然把一腔爱恋，集中到"我花开后百花杀"的"黄金花"上来了。

作为野生植物，人类对它们的了解总是始于利用。哪些植物是可以食用的？哪些植物是可以药用的？哪些植物具观赏的价值？所谓"神农尝百草一日而遇七十毒"，说的就是远古人类探究植物世界的努力。菊花，或者说菊花一类的植物，毫无疑问早就被我们的祖先认识了。之所以敢这样说，是因为野生的菊花类植物种类繁多，而且分布极广。菊科是被子植物中最大的科，在20万种被子植物中，菊科植物占23 000余种，广布于全球各地，我国也有 2 000 余种。非但如此，不少菊科植物的存在，不是零星出现的个体，而往往是连片的群体。现代人食用"菊花脑"，也就是食用野菊花的幼茎和其上的叶子，还用菊花泡茶。相信古代的人们，早就熟谙此道了。

明代《本草备要》记载："菊花味兼甘苦，性察平和，备受四气，饱经霜露，得金水之精，益肺肾二脏。"《本草纲目拾遗》记载：菊"治诸风头眩，明目祛风，搜肝气，益血润容"。近现代，菊花入药或泡茶的，首推杭白菊。明末清初浙江桐乡农学家张履祥，在其《补农书》中写道："甘菊性甘温，久服最有益，古人春食苗、夏食英、冬食根，有以也。每地棱头种一二株，取其花，可以减茶之半，茶性苦寒与苦菊同泡……吾里不种棉花，亦有以此为业者。但采摘费工，及适市贸易，耳目混乱耳。种植甚易，只要向阳脱水而无草，肥粪甚省，黄白两种，白者为胜。"说明 300 多年以前，浙江桐乡人就有以种菊为业的。杭白菊的营养器官尤其是其花所含的挥发油中，有菊油环酮、龙脑、乙酸龙脑酯等成分，还含有菊甙、腺嘌呤、胆碱、水苏碱、多种维生素、氨基酸等，以及丰富的钾、锌、钙、镁等元素。现代医学表明，杭白菊提取物能扩张离体动物心脏的冠状动脉，从而减轻心肌缺血状态，也能使心肌收缩能力增加，可预防和治疗血管硬化；杭白菊提取物还能降低毛细血管通透性，改善皮肤的血液循环，促进皮肤细胞再生，提高皮肤毛细血管的弹性，具有抗皮肤衰老的作用；杭白菊提取液还可提高机体的免疫能力，对金黄色葡萄球菌、痢疾杆菌、伤寒杆菌、大肠杆菌等有不同程度的抑制作用，可防止各种感染性疾病；高浓度的杭白菊提取液还有明显的抗流感病毒的作用。临床上，杭白菊提取液是降压和抗流感中药的重要组成之一。此杭白菊的祖先，乃是生长在野外的黄色小菊，杭白菊是经过栽培、变异、选择而来。如今的日常生活之中，我们经常可以看到，不少人以饮菊花茶为乐。市井餐馆之中，一般也都备有菊花类茶饮的。这种风俗或者时尚，何尝又不是文化呢？吃下去的这点菊花成分，会不会发生想象中的作用，那是不重要的。重要的是一份心情，一份闲适，一份文化。

从文字的记载看来，秦汉之时，虽然有提到菊花的诗文，但专门咏菊的十分少见。说明当时，菊花只是一种野生或半野生的植物，人们可以将之采集加以利用。在这样的背景之下，菊花，确切地说是野菊花，尚未大规模地被人栽培，所谓品种云云也就根本无从谈起。菊花，只是当时农业文明里面一抹充满野趣的点缀。

汉武帝刘彻有《秋风辞》：

秋风起兮白云飞，草木黄落兮雁南归。

兰有秀兮菊有芳，怀佳人兮不能忘。

泛楼船兮济汾河，横中流兮扬素波。

箫鼓鸣兮发棹歌，欢乐极兮哀情多。

少壮几时兮奈老何。

作者通过这首诗歌想表达什么？历史上有两种不同的说法，一是乐极哀来，惊心老至；二是有感秋摇落，系念求仙意，"怀佳人"句是一篇之骨（张玉谷《古诗赏析》卷三）。张玉谷又说："以佳人为仙人……"虽然，这不是一首专门咏菊的诗歌，但"兰有秀兮菊有芳"，菊这一意象与兰并列在一起，是很不容易的。要知道，兰不仅有"秀"，也是有"芳"的。看来，菊之形象在刘彻心中已经有了一定的地位。

采菊东篱下

南朝梁时昭明太子萧统在其《陶渊明传》中写道："尝九月九日出宅边菊丛中坐，久之，满手把菊。忽值弘送酒至，即便就酌，醉而归。"

陶渊明的个人生平和价值取向不去赘述。无论是无可奈何的逃避，还是发自内心的隐逸，从他的诗文中，可以真切地感觉到他的恬淡的情怀。即使地里杂草长得比庄稼还好，"种豆南山下，草盛豆苗稀"，亦是以一种带有调侃色彩的轻松心情去面对。所以，"采菊东篱下，悠然见南山"，实际上最重要的应该是"悠然"两字。若是别的人，虽然爱菊，但来个"采菊东篱下，哀然叹流年"，或是"采菊东篱下，寂寞思故人"，菊花的这份超凡脱俗的特质也就建立不起来了。可见，菊花与人，是不可能分隔开来的。自陶渊明始，菊花就沾上了他的情趣、他的风格。甚至可以说，陶氏在中国文化中具有什么地位，菊花也就具有什么地位。

历朝有许多画家以陶渊明或他的诗文为绘画主题。从中可以看到陶渊明对中国文化的深远影响，当然也能够看到菊花作为象征性符号的独特地位。据说南朝宋的陆探微就画有《归去来兮辞图》，至今存世。但大量有关陶渊明的绘画，出现在宋朝。谢薖《竹友集》卷四有《陶渊明写真图》，诗题云："渊明归去浔阳曲，杖藜蒲鞋巾一幅。阴阴老树啭黄莺，艳艳东篱粲媚菊。"南宋王十朋有一首《采菊图》诗云："渊明耻折腰，慨然咏式微。闲居爱重九，采菊来白衣。南山忽在眼，倦鸟亦知归。至今东篱花，清如首阳薇。"到这里，文士们对菊花的理解，似乎又增加了些许自己的想象空间。"至今东篱花，清如首阳薇。"按照笔者的认识水平，似乎不怎么确切。一是两种植物本身的差别：菊在陶渊明家的东篱下，应该是一种栽培植物了，是人们喜欢它，并将它从自然界野生状态下驯化；薇则是一种杂草，现在叫作大巢菜，是广为分布的有害于作物生长的东西。它们之间的"品格"无论如何是不可相提并论的。二是两类人物际遇的差别：虽然陶渊明与伯夷叔齐均为"隐逸者"，但伯夷叔齐到首阳山上采杂草来充饥，是穷途末路，清则清矣，惨亦惨极；陶渊明则"满手把菊。忽值弘送酒至，即便就酌，醉而归"。宋末元初钱选《桃源图》说得好："始信桃源隔几秦，后来无复问津人。武陵不是花开晚，流到人间却暮春。"元赵孟頫有诗云："渊明为令本非情，解印归来去就轻。稚子迎门松菊在，半壶浊酒慰平生。"将菊与陶渊明"混搭"在一起，并添加上文士自己的想象和内心追求，逐渐形成了一道靓丽的景色，并且蔚然成风。

现在，我们抛开陶渊明对菊的喜爱，从另外一个角度来看问题：菊为什么可以种在东篱下？为什么可以被采？这就是菊本身的生物学特性的问题。

首先，菊是草本植物，与木本植物有着很大的不同。正所谓"野火烧不尽，春风吹又生"，自从菊花由野生状态引入人工环境之后，它的易于存活的"野性"似乎没有多少改变。无论盆栽还是田园种植，都不是一件困难的事情。这样，经常采集一些加以观赏或者食用，是轻而易举的。设若东篱边种的是木本的梅花、茶花，估计主人是不太采得下手的。其次，作为草本植物，它的茎的木质化程度比较高，不像别的草本植物一样软弱无力，易于作为插花使用。设若种在东篱边的是兰花，主人轻易是不会"采兰东篱下"的。由此看来，虽然名列"四君子"之一，但菊不是一个需要精心保护的弱者，而是与自然连成一体，具有无限生命力的强者。当今之世，插花盛行，菊花是其中用量最大的一种。

一般而言，"物以稀为贵"。菊花并非属于"稀"的一种，千百年来却得到人们的喜爱，这是菊的自然特性与人的人文情怀交相作用的结果。"采菊东篱下"，就是一幅人与自然和谐相处、浑然一体的图画。

故人具鸡黍，邀我至田家。

绿树村边合，青山郭外斜。

开轩面场圃，把酒话桑麻。

待到重阳日，还来就菊花。

这是盛唐孟浩然的《过故人庄》。作为田园诗人的代表之一，孟浩然的作品单纯明净。盛唐之时，虽然归隐也是士大夫的一种倾向，但我们知道士大夫更多的是积极入世、追求功名。孟浩然由于个人际遇，最终成为"隐士"，可能比起陶渊明来有更多的无奈。但他隐居林下的时候，仍与达官显官如张九龄等有往来，和王维、李白、王昌龄等也有酬唱。这种行为方式，倒与菊花的生长特性比较一致：有气节，也不孤傲。《过故人庄》这首诗，在明白如话的"田家"环境与氛围的描述中，契合着作者与故人水乳交融的深厚情谊。"待到重阳日，还来就菊花"不仅流露出作者不忍离去的依依不舍之情，也表达了重阳日再次来访的诚恳之意。

事实上，将菊花与重阳联系在一起的诗歌，早在唐朝之前就有了。江总诗云：

心逐南云逝，形随北雁来。

故乡篱下菊，今日几花开。

江总本是南北朝陈的高官，陈灭亡，仕于隋朝长安，后辞官南归。流云南逝，大雁南归。诗人在回扬州的途中，经山东微县微山亭，正当九月九日重阳，强烈的故乡思念，让他触景生情写下这首诗歌。抛开作为历史人物的功过与品格不谈，"故乡篱下菊，今日几花开"所表达的情意，无疑是真挚的。

古人不知道菊花在秋日开花的生理学原理，便自然将之与秋季容易产生的情愫联系在一起。就像不知道"无边落木萧萧下"

是植物的一种自我保护，而产生伤秋的情怀一样。1920 年，美国有人发现，美洲烟草在华盛顿附近的夏季不开花，而在冬天的温室中却开花。这提示，对于美洲烟草开花来说，温度不是影响因子。后来研究发现，美洲烟草是否开花与日照长短有关，美洲烟草只在在日照长度短于 14 小时的条件下才能开花。这促成了光周期现象的发现。一昼夜 24 小时之中，有白天和黑夜的交替。一年中白天和黑夜的长度则是有规律性地变化的，这是光周期。植物在长期的适应过程中，形成了对光周期的反应，这就是光周期现象。对于短日照植物来说，必须短于一定的临界日长才能开花；对于长日照植物来说，必须长于一定的临界日长才能开花。菊花就是一种典型的短日照植物，短日照促进菊花花芽分化，而且日照时数越短，花芽分化越快。知道了这个原理，人们只要控制好光照的时间，就能够一年四季都可以看到菊花了。设若古人掌握此项技术，便"不需重阳日，天天就菊花"了。

《全唐诗》中直接涉及菊的诗歌有 700 多首。这之中，与重阳关联在一起的不在少数，许多诗歌直接在题目当中就明白地表明"九日"。如李白《九日龙山饮》："九日龙山饮，黄花笑逐臣。醉看风落帽，舞爱月留人"。又《九日》："今日云景好，水绿秋山明。携壶酌流霞，搴菊泛寒荣。地远松石古，风扬弦管清。窥觞照欢颜，独笑还自倾。落帽醉山月，空歌怀友生。"又《九月十日即事》：“昨日登高罢，今朝更举觞。菊花何太苦，遭此两重阳？”当时九月十日被称作"小重阳"，李白在诗中叹息，菊花连续遇到两个重阳，不堪人们的连续采摘。相信此时的李白已经阅尽了人间的沧桑。杜甫《秋兴八首其一》：“玉露凋伤枫树林，巫山巫峡气萧森。江间波浪兼天涌，塞上风云接地阴。寒衣处处催刀尺，白帝城高急暮砧。”这里"丛菊两开他日泪，孤舟一系故园心"是说菊花开落两载，也就是作者两年没有回故乡了，不免伤心流泪。杜甫《九日杨奉先白水崔明府》：“今日潘怀县，同时陆浚仪。坐开桑落酒，来把菊花枝。天宇清霜净，公堂宿雾披。晚来留客醉，凫舄共差池。”看来，重阳日的菊花，已经与酒不可分割了。杜甫《九日寄岑参》写道：“出门复入门，雨脚但仍旧。所向泥活活，思君令人瘦。沉吟坐西轩，饮食错昏昼。寸步曲江头，难为一相就。吁嗟呼苍生，稼穑不可救！安得诛云师？畴能补天漏？大明韬日月，旷野号禽兽。君子强逶迤，小人困驰骤。维南有崇山，恐与川浸溜。是节东篱菊，纷披为谁秀？岑生多新诗，性亦嗜醇酎。采采黄金花，何由满衣袖？”在这首诗歌里，作者两次提到菊花（东篱菊、黄金花），借以表达不能与岑参共度重阳的遗憾与惋惜。岑参《行军九日思长安故园》：“强欲登高去，无人送酒来。遥怜故园菊，应傍战场开。”又《奉陪封大夫九日登高》：“九日黄花酒，登高会昔闻。霜威逐亚相，杀气傍中军。横笛惊征雁，娇歌落塞云。边头幸无事，醉舞荷吾君。"饮"九日黄花酒"，看来是当时的一种流行习俗。

关于菊花酒的酿制，《西京杂记》有载："菊花舒时，并采茎叶，杂黍为酿之，至来年九月九日始熟，就饮焉，故谓之菊花酒。"《西京杂记》是关于西汉的杂史，当时人们在头年的秋天采下菊花和叶子，与粮食混合在一起酿酒，到第二年的重阳节开怀畅饮。这说明，我国酿制菊花酒，在汉时期就已盛行了。《西京杂记》还记载，汉高祖时，宫中"九月九日佩茱萸，食蓬饵，饮菊花酒。云令人长寿"。南朝梁关均《续齐谐记》记载，"九月九日……，饮菊酒，祸可消"。菊花酒的酿制直到明清之时，还颇为盛行。酿制过程中还可加入当归、枸杞、麦冬等成分。也有菊花酒的"快速酿制法"，就是将新鲜采集的菊花烘干或晒干之后，直接浸泡到已经酿制好的酒类之中。据说，菊花酒清凉甜美。将菊花用于酿酒，从医学的角度看，有明目、治头昏、降血压、轻身、补肝气、安肠胃、利血之功效。陶渊明诗云"往燕无遗影，来雁有余声，酒能祛百病，菊解制颓龄"，便是称赞了菊花酒的祛病延年作用。想象古时的人们，时逢重阳，秋高气爽，结伴登高，插茱萸、饮菊酒，共赏黄花，真是令人神往。

王之涣有诗《九日送别》：

蓟庭萧瑟故人稀，何处登高且送归。

今日暂同芳菊酒，明朝应作断蓬飞。

虽然有些萧索，但这萧索之意，不正是对人间温情的无限珍惜吗？

人比黄花瘦

李清照词《醉花阴》云：

薄雾浓云愁永昼，瑞脑消金兽。佳节又重阳，玉枕纱厨，半夜凉初彻。东篱把酒黄昏后，有暗香盈袖。莫道不消魂，帘卷西风，人比黄花瘦。

写这首词的时候，李清照已经结婚，但时值"两地分居"。怎么看，意境都有些闺怨的味道。"人比黄花瘦"，成了千古名句。但黄花真的是"瘦"的吗？每当看到菊花，无论是盆栽的还是直接种在地上的，我都在思考这个问题。若是非得要将菊花分出瘦还是肥来，我宁可相信菊花是肥的。你看它一丛丛、热闹灿烂，无论从哪个角度，都看不出一个"瘦"字来。我这样说，不是质疑李清照的词写得不合适，而是想说明一个问题：菊花的"瘦"之类的特质，其实是人的特质，或者是想象中的人的特质，正所谓"物以人传"。物以人传久了，反过来又会产生"人以物传"的效果。如今，只要提到菊花，就不免想到陶渊明，就不免想到李清照和她的"人比黄花瘦"。这种物与人的交互作用，产生了物与人之外的巨大想象空间，令人玩味无穷。

李清照还写过一首《多丽·咏白菊》：

小楼寒，夜长帘幕低垂。恨萧萧、无情风雨，夜来揉损琼肌。也不似、贵妃醉脸，也不似、孙寿愁眉。韩令偷香，徐娘傅粉，莫将比拟未新奇。细看取、屈平陶令，风韵正相宜。微风起，清芬蕴藉，不减酴醿。渐秋阑、雪清玉瘦，向人无限依依。似愁凝、汉皋解佩，似泪洒、纨扇题诗。朗月清风，浓烟暗雨，天教憔悴度芳姿。纵爱惜、不知从此，留得几多时？人情好，何须更忆，泽畔东篱。

在"恨""无情""揉损""愁""泪洒""憔悴""爱惜"等一系列煽情的词汇背景之下，出现"雪清玉瘦""泽畔东篱"这样的句子，使人对菊花有了别样的感觉。这种感觉，既不同于"采菊东篱下"的悠然，也不同于"还来就菊花"的厚重，而是一种

"我见犹怜"的心态。唉，屈原、陶公，难道我爱菊的心情不是与你们一样的吗？此外，虽是咏菊，但不难看出作者顾影自怜的心理脉络。李清照另有一首《鹧鸪天》："寒日萧萧上琐窗，梧桐应恨夜来霜。酒阑更喜团茶苦，梦断偏宜瑞脑香。秋已尽，日犹长，仲宣怀远更凄凉。不如随分尊前醉，莫负东篱菊蕊黄。"词中的"不如随分尊前醉，莫负东篱菊蕊黄"是说不如学学陶渊明，以醉解愁，莫负盛开的东篱之菊。由此看来，李清照对于菊花这一文化符号的思考和采纳，是深受陶渊明影响的，但发展出了具有她那个时代特征，尤其是具有女性细腻、多愁善感一面的新内涵。

当今的中国十大名花，是 1986 年上海市有关单位举办活动，依照"原产中国或有 400 年以上栽培历史""观赏价值高、在园林中具有地位"的原则，评选出来的，包括兰花、梅花、牡丹、菊花、月季、杜鹃、荷花、茶花、桂花和水仙。其中的梅、兰、菊，与竹一起，在中国传统文化中被誉为"四君子"。这些花各有各的令人赞美的理由，即使是菊花，人们也多赞美其"傲霜枝"的气节，将之与"瘦"和"愁"联系起来，确实是李清照的一大贡献。

晚于李清照数十年的吴文英，对于菊花的观感，似乎也受到了李氏的影响。他在《浪淘沙·九日从吴见山觅酒》中写道：

"山远翠眉长。高处凄凉。菊花清瘦杜秋娘。净洗绿杯牵露井,聊荐幽香。乌帽压吴霜。风力偏狂。一年佳节过西厢。秋色雁声愁几许,都在斜阳。"将清瘦的菊花用来比喻楚楚动人的歌妓,若屈、陶有知,会作何感想?他的《一寸金·秋感》云:"秋压更长,看见姮娥瘦如束。正古花摇落,寒蛩满地,参梅吹老,玉龙横竹。霜被芙蓉宿。红绵透,尚欺暗烛。年年记、一种凄凉。绣幌金圆挂香玉。顽老情怀,都无欢事,良宵爱幽独。叹画图难仿,橘村砧思,笠蓑有约,莼洲渔屋。心景凭谁语,商弦重、袖寒转轴。疏篱下、试觅重阳,醉擘青露菊。"吴文英一生不第,几乎没有参与过任何重大的政治活动。其写作风格主要师承周邦彦,宋理宗时期的沈义父曾把吴文英的词法概括为四点:一是协律;二是求雅;三是琢字炼文,含蓄不露;四是力求柔婉,反对狂放。这一艺术风格决定了吴文英的词,具有南宋婉约词派的共同特点。换言之,他写什么,什么都是"婉约"的。"疏篱下、试觅重阳,醉擘青露菊",自然也是伤今感昔的味道。

宋朝的时候,菊花已经由室外露地栽培发展到盆栽了,并且能够利用其他植物作砧木来进行嫁接,品种也有了较大的发展。我国第一部菊花专著——刘蒙的《刘氏菊谱》于1104年问世。菊花的品种多起来了,人们赏菊的心情应该也会有所分化。但从流传下来的字里行间看,如"马穿山径菊初黄,信马悠悠野兴长

（王禹偁）"，这样的闲情逸致还在少数。晏几道的《蝶恋花》："黄菊开时伤聚散。曾记花前，共说深深愿。重见金英人未见。相思一夜天涯远。罗带同心闲结遍。带易成双，人恨成双晚。欲写彩笺书别怨。泪痕早已先书满。""黄菊开时伤聚散"，菊花成了离别悲欢的一个符号了。

满城尽带黄金甲

> 待到秋来九月八，我花开后百花杀。
>
> 冲天香阵透长安，满城尽带黄金甲。

根据明代郎瑛《七修类稿》引《清暇录》关于此诗的记载，它是黄巢落第后所作。黄巢虽然做过一阵子皇帝，但总体上是属于"心比天高，命比纸薄"的那一种。他留存下来的三首诗歌，有两首是写菊花的。除了这《不第后赋菊》之外，还有一首《题菊花》："飒飒西风满院栽，蕊寒香冷蝶难来。他年我若为青帝，报与桃花一处开。"同黄巢考不上进士一样，在当时的科技条件下，要把菊花"报与桃花一处开"也是不可能的。甚至，"满城尽带黄金甲"也是不可能的。如果遍地菊花在当时是一种司空见惯的现象，黄巢也就不会产生如此这般具有英雄主义豪气的理想了。如此，有必要大致梳理一下菊花栽培的历史。

"采菊东篱下"，表明至少在晋时，菊花已开始在田园栽培。唐代白居易、刘禹锡在诗中咏白菊，李商隐在诗中咏紫菊，说明人们已经培育出了若干不同的花色品种。在杜甫、韦庄和肖颖士的诗文中，也能反映菊花品种渐多，栽培较为普遍的现象。虽然如此，但那时的菊花品种与现在，乃至与宋朝，都是不可相提并论的。从我国菊花栽培的历史来看，宋朝是一个十分兴旺的时期。虽然，当时缺乏现代的植物分类技术，但对日益增多的菊花品种进行归类分析，实在是非常必要的。1104 年（宋徽宗崇宁甲申），《刘氏菊谱》问世。这是我国第一部菊谱，也是世界第一部艺菊专著。该书依菊花的颜色分类，以黄为正，其次为白，再次为紫，而后为红，对后人影响很深。《四库全书总目提要》卷一百十五说，《刘氏菊谱》的作者是彭城人："不详其仕履，其叙中载崇宁甲申为龙门之游，访刘元孙所居，相与订论为此谱，盖徽宗时人。故王得臣《麈史》中已引其说。焦竑《国史经籍志》列于范成大之后者，误也。其书首谱叙，次说疑，次定品，次列菊名三十五条，各叙其种类形色而评次之，以龙脑为第一，而以杂记三篇终焉。书中所论诸菊名品，各详所出之地，自汴梁以及西京、陈州、邓州、雍州、相州、滑州、鄜州、阳翟诸处，大抵皆中州物产，而萃聚于洛阳园圃中者，与后来史正志、范成大之专志吴中莳植者不同。然如金钱、酴醾诸名，史、范二志亦具载焉，意者本出自河北，而传其种于江左者欤。"

《刘氏菊谱》后，宋代又相继出现了一些菊谱、菊志等艺菊专著，至今仍有六七部菊谱存世。其中1242年史铸的《百菊集》汇辑了各家专谱，并加上自撰的新谱和许多书上所载的有关菊花的故事。元代，菊花专著较少，有杨维桢的《黄华传》，载菊136品。明代重要的菊花专著有黄省曾的《菊谱》，记菊220品；王象晋的《群芳谱》，记菊270种，分为黄、白、红、粉红、异品等类；还有高濂的《遵生八笺》，记菊185种，并总结出种菊八法。清代的时候，陈淏子有《花镜》，记菊153品；汪灏有《广群芳谱》，记菊192种。当时的菊书、菊谱数量繁多，不一而足。这些菊谱类书上记载的"品"或"种"，与现代农学和植物学上所谓的"品种"与"物种"是不能一一对应的。

如前所说，"菊"是一个极其庞大的家族。那么其中的"品种"与"物种"又有什么分别呢？首先说物种，按照杜布赞斯基的说法，所谓物种是一个生殖社会，其内部可以进行自由交配。这个物种的概念，比较重视遗传方面的信息，而没有涉及形态学方面的差异。白人、黑人、黄种人，都属于一个物种；不同颜色、不同大小的所有菊花，也都属于一个物种。其次说品种，品种是种内的变异形式，是农业或经济学性状上的一些差异。不同颜色、不同大小的菊花，往往都是品种，同属于一个物种。这样，我们在欣赏菊和菊文化的时候，就有两个层次：一个是狭义的，在于菊这一物种之内的各个品种；另一个是广义的，扩展到菊科常见的一些栽培物种。

虽然如今的菊花是从野生状态驯化、培育而来的，但"菊"与"野菊"已经成了两个物种。很有可能，屈原"夕餐秋菊之落英"，吃的是野菊。现在植物的定名法规，是19世纪的时候瑞典人林奈发明并被全世界接受的，野菊的拉丁学名最初也是林奈定下的，但"菊"的拉丁学名则不是林奈所定。因此，陶渊明东篱下的菊花，是属于"野菊"还是"菊"呢，大概是无法考证了。事实上，虽然说菊花原产中国，但其起源、演化等，一直是难以解决的问题。如今，菊花品种多达4 000种，上文提到过的杭白菊，就是其中的一个品种。表面上看，专供食用的杭白菊与以观赏为主的众多菊花品种之间差异甚大，但它们是同一个物种。

正因为菊科植物数量庞大，世界各地互相引种的情况便频繁发生。原产我国的菊花，盛唐时期就东传日本，17世纪末荷兰商人将之引入欧洲，18世纪传入法国，19世纪中期引入北美，此后菊花遍及全球。而我国也陆续从世界各地引入了一些"洋菊花"。当然，这些洋菊花与原产中国的菊不是同一个物种，甚至不属于同一个属，以下几种较为常见。万寿菊：万寿菊属，原产墨西哥。因其花大、花期长，常用于花坛布景。其根苦、凉，可用于消肿解毒，治疗呼吸道感染、眼角膜炎、咽炎、口腔炎、牙痛等。金盏菊：金盏菊属，原产于南欧。古代西方作染料或化妆品。叶和花瓣可食用，或作菜肴的装饰。药用方面，能消炎抗菌、清热降火、治青春痘。大丽菊：大丽花属，原产墨西哥。墨西哥人把它视为大方、富丽的象征，因此将它尊为国花。世界上大丽花品种已超过3万个，是花卉品种最多的物种之一。矢车菊：矢车菊属，原产欧洲。原是一种野生花卉，经过人们多年的培育，花变大了，颜色变多了，有紫、蓝、浅红、白色等品种，其中紫、蓝色最为名贵。在德国的山坡、田野、水畔、路边、房前屋后到处都有它，德国奉为国花。矢车菊是一种良好的蜜源植物，还可利尿、明目。蛇目菊：蛇目菊属，原产墨西哥，常有从栽培逸为野生的。波斯菊：秋英属，原产墨西哥。中国栽培甚广，在路旁、田埂、溪边也常自生。雪菊：金鸡菊属，原产美国中北部。我国在云南、西藏等高海拔地区有种植，近几年作为保健茶饮一度受到不少人的推崇。

由于菊科野生植物的不断驯化、各地资源的互通有无、菊花品种的不断选育，如今，虽不能说"满城尽带黄金甲"能够轻易做到，但"满园尽带黄金甲"，则是处处可见的风景了。要是黄巢生活在今天，也不需要再做"他年我若为青帝，报与桃花一处开"的清秋大梦，一年四季已是时时都能看到盛开的菊花了。

宁可枝头抱香死

花开不并百花丛，独立疏篱趣未穷。

宁可枝头抱香死，何曾吹落北风中。

这是南宋诗人郑思肖的《寒菊》，其中，"宁可枝头抱香死"，不仅成了菊花的一种理想秉性，也反映出知识分子孤傲、清高、坚忍不拔的高尚气节。郑思肖，南宋末为太学上舍。元兵南下的时候，郑思肖上疏直谏，痛陈抗敌之策，被拒不纳。痛心疾首之余，郑思肖孤身隐居苏州。宋亡后，他改字忆翁，号所南，以示不忘故国。画兰花图，都不画土。有人问他原因，他反问说："国土被人家夺去了，你不知道吗?"所以，《寒菊》一诗，实是他自励节操，颂菊自喻。宋代的陆游，在其《枯菊》中有"空余残蕊抱枝干"的句子，朱淑贞在其《黄花》中有"宁可抱香枝上老，不随黄叶舞秋风"的句子，应该也都是这种情绪的折射。

但是，从菊花本身的生物学特性来看，"枝头抱香死"可能是不怎么确切的。现实生活之中，我们经常看到菊花窸窸窣窣从枯败的枝头掉落下来。诚然，文学与科学是不能等同的，但总不能在描写三伏天的时候，用上"酷暑蓝天白雪飞"的句子吧？这样说，不是调侃郑思肖植物学知识的缺乏，而是提出一个问题：在菊与中国文化的关系之中，是菊花对文化的影响大一些呢，还是文化对菊花的影响大一些？

也许，正是古人对菊的植物学知识的相对缺乏，在众多的出现"菊"字的诗歌当中，专门咏菊的，却是少之又少，据统计不到百分之一。唐代诗人白居易的《咏菊》云："一夜新霜著瓦轻，芭蕉新折败荷倾。耐寒唯有东篱菊，金粟初开晓更清。"霜降的时候，芭蕉与荷花或折断，或歪斜，唯有东边篱笆附近的菊花，在寒冷中傲然而立，初开的金粟般的花蕊给清晨添加一抹亮色。这是我们非常熟悉的、赞美菊花"傲霜""耐寒"的风格。中唐诗人元稹有一首七绝《菊花》："秋丛绕舍似陶家，遍绕篱边日渐斜。不是花中偏爱菊，此花开尽更无花。"此诗以陶渊明的意境为源泉，以淡雅朴素的语言道出"此花开尽更无花"，留下了"前不见古人，后不见来者"一般的想象空间，让人回味无穷。但这些咏菊的诗歌，实际上还是以物喻人。真正从菊花本身来歌咏的，还真是罕见。

晚唐司空图有《白菊三首》，其一云："人间万恨已难平，栽得垂杨更系情。犹喜闰前霜未下，菊边依旧舞身轻。"其二云："莫惜西风又起来，犹能婀娜傍池台。不辞暂被霜寒挫，舞袖招香即却回。"其三云:"为报繁霜且莫催,穷秋须到自低垂。横拖长袖招人别,只待春风却舞来。"诗中表现出这样的场景:霜雪未降之时,菊花摇曳着轻盈的姿态;寒风吹来,万物凋零,菊花还在池台庭院旁边以婀娜多姿的体态绽放着生命力;而当霜雪降下、秋去冬来,菊花要与人们辞别了,但是这种辞别没有哀愁。"且莫催""自低垂",将菊花的从容姿态充分展现出来。

明朝诗人丘浚的《咏菊》是这样写的:

> 浅红淡白间深黄,簇簇新妆阵阵香。
>
> 无限枝头好颜色,可怜开不为重阳。

诗歌中表现的是海南岛菊花"反季节"开放的情形。诗人用"眼前景物口头语",成就了"诗家绝妙辞"。从这首诗可以看出,在明朝的时候,不仅菊花的花色品种较多,而且在上半年也能开放了。我们无法知道,丘浚所述的"浅红淡白间深黄"各种颜色的菊花,是否属于分类学意义上的同一个种,或不同的种,但从人们欣赏的角度来看,是不同的物种也罢,同种不同的品种也罢,都是"无限枝头好颜色"。

结语：是节东篱菊，纷披为谁秀？

灿烂多姿的菊花，你是为谁盛开的呢？到了 21 世纪的今天，社会的风俗已经与古代大不相同了。虽然，中华文化源远流长，一脉相承、涓涓不息，但是，现代的世界是一个开放的世界。且不说东西方文化的互相交流与渗透，单就中国本身来讲，其疆域、政治、经济等也发生了巨大的变化，人们的审美情趣、价值取向等，当然也会因着时代的发展而与时俱进。

记得第一次看到国人的新式婚礼，新娘模仿西洋人穿戴上洁白的盛装，条件反射一样的感觉是：怎么披麻戴孝啊？不吉利。但时间长了，也就慢慢地习惯起来。到现在，反而是看到新人穿着传统的大红大绿的服装时，觉得别扭和不合时宜了。所以，某一个物事，是否吉利，是否具有什么象征意义，其实都是一种习惯，是一种约定俗成。既然如此，只要内心足够强大，就不会让草木之类左右自己的心情。在上海，探望生病的人时，如果带水果，是不带苹果的。因为在上海话里"苹果"与"病故"同音。许多新上海人不懂得这个习俗，还是经常会买了苹果去看望病者。遇到这种情形，大可不必多虑，苹果照吃。

菊花对于笔者本人来讲，其第一联系紧密的物事，是清明节。"清明节"这三个字，给人的第一印象不是它的本意"天地又清又明亮"，而是缅怀先人。先人当然是去世的人，是死人。所以，一见到菊花，我是绝不会联想到"四君子"的风格之类的。至于陶渊明、孟浩然、李清照等，就更加无从想起了。这种思维定式，给自己造成了不小的麻烦：内心非常喜爱菊花的黄，非常喜爱菊花的白，但是总不乐于奉其回家。后来，终于"发明"了一种对待菊花的好办法：如果是盆栽的、活的菊花，那就纯粹是一种花卉，可以美化环境用；如果是一束菊花，尤其是一束纯粹的菊花，那就是蕴含了象征意义在里面，需要严肃对待；如果是直接种在地上的菊花，那就不管东篱、西篱、南篱、北篱，还是根本没有篱，都与陶渊明们联系起来，附庸风雅一会儿。

唐代杜甫的《宿赞公房》云：

> 杖锡何来此，秋风已飒然。
>
> 雨荒深院菊，霜倒半池莲。
>
> 放逐宁违性，虚空不离禅。
>
> 相逢成夜宿，陇月向人圆。

今人对杜诗的评价极高，一个重要的原因是其律诗最为工整，几不可改动一字。"雨荒深院菊，霜倒半池莲"，工则工矣，却也太过死气沉沉了。

时代在飞速发展，甚至是加速度发展。我们在玩味菊与菊文化、欣赏陶渊明优雅的人文情怀的同时，也应该赋予他的诗歌和菊花以更加积极的理解。真正做到"采菊东篱下，悠然见南山"。

古诗文中的生态学

人间四月芳菲尽，山寺桃花始盛开。长恨春归无觅处，不知转入此中来。

这是白居易的《大林寺桃花》诗。1 200多年后，英国生物化学家霍普金斯，提出了生态学方面著名的"霍普金斯定律"。其主要内容是：在其他因素相同的条件下，北美温带地区，每向北移纬度1°，向东移经度5°，或上升约122米，植物的阶段发育在春天和初夏将各延期4天，在晚夏和秋天则各提前4天。为什么把白居易和霍普金斯相提并论呢？因为白居易的大林寺桃花延期盛开没有具体的数据，而霍普金斯的物候学观察形成的结论则是有具体的数据的。否则，霍普金斯定律就该叫作白居易定律了，而白居易也会因此而多了一顶帽子：生态学家或物候学家。那在专业上就成了霍普金斯和竺可桢的前辈了。

一、环境因子的综合作用

远上寒山石径斜，白云生处有人家。

停车坐爱枫林晚，霜叶红于二月花。

杜牧的这首《山行》，描写了他行走在深秋的石径上，看到山上的许多树叶变红了，令人心旷神怡，不禁停下来细细地欣赏。"霜叶红于二月花"，发生于深秋季节，那么这"深秋"季节在生态学或者环境上讲，应该包括哪些具体的因素呢？我们知道，对于植物而言，它所生长的自然环境因子包括了光、温、水、气、土等五大因素，深秋季节在光、温、水、气、土各方面与春、夏、冬都有不同的变化，即使是表面上的数字如温度相同，也有不一样的变化趋势。所以，对于深秋而言，尤其是对于"霜叶红于二月花"而言，不是光、温、水、气、土五大自然环境因子的某个因子造成的结果，而是所有因子联合起来作用的结果，这就是生态学上的"环境因子的综合作用"。

本文开头提到的白居易《大林寺桃花》中桃花迟开的现象与霍普金斯定律，都是环境因子综合作用的结果，而非单纯海拔高度这一因子作用的结果。此种现象，在我国的古诗文中有太多的表现，如果解读错误，会对诗文的原意产生较大的误解，如杜牧的《过华清宫绝句三首·其一》：

长安回望绣成堆，山顶千门次第开。

一骑红尘妃子笑，无人知是荔枝来。

据《新唐书·李贵妃传》："妃嗜荔枝，必欲生致之，乃置骑传送，走数千里，味未变已至京师。"《唐国史补》："杨贵妃生于蜀，好食荔枝，南海所生，尤胜蜀者，故每岁飞驰以进。然方暑而熟，经宿则败，后人皆不知之。"如果按照这样的说法，为了博得美人一笑，唐玄宗不惜累死几匹快马，飞行几千里，不知道耗费几多人力、物力，自然被认为是穷奢极侈，杜牧的这首诗，则是为唐朝的"由盛而衰"埋下了伏笔。其实，四川是产荔枝的，宜宾、泸州（合江）和涪陵等地就产荔枝。其中，唐玄宗时开设的涪州至长安的蜀道就称为"荔枝道"。《杜工部集·解闷十二首》之十："忆过泸戎摘荔枝，青峰隐映石逶迤。京中旧见无颜色，红颗酸甜只自知。诗中的泸即泸州，戎即戎州（宜宾）。"这样看来，"一骑红尘妃子笑"的红尘，还真不是把荔枝从岭南运输到骊山的快马古道，也没有累死多少人和马匹。苏东坡当年曾经说："此时荔枝自涪州致之，非岭南也。"南宋《鹤林玉露》

也有记载："所谓一骑红尘妃子笑者，谓泸戎产也。"

那么，蜀地与岭南的纬度相差比较大，为什么蜀地能够生产荔枝呢？这就是环境因子的综合作用。纬度确实是影响荔枝生产的重要因子，但它也是通过光、温、水、气、土五大自然因子综合起来起作用的。蜀国的适当的地区，在光、温、水、气、土的综合作用下形成了生产荔枝的适宜条件，就可以生产荔枝了。为什么我国的北方是小米的起源地，而南方是大米的起源地？都是环境因子的综合作用。现代有人做过我国东部地区刺槐始花期的调查，虽然各地之间存在着经度、纬度和海拔之类的差别，从而影响到光、温、水、气、土等五大自然因子，但是刺槐的始花期依然有规律可循。其中，最为典型的是西安、郑州、南京和杭州等地，虽然看起来环境条件相异，但是刺槐的始花期基本相同。这也是环境因子的综合作用。

二、环境因子的主导作用

苏东坡的《惠崇春江晚景》写道：

竹外桃花三两枝，春江水暖鸭先知。

蒌蒿满地芦芽短，正是河豚欲上时。

这是苏东坡在江阴为惠崇所绘的鸭戏图而作的题画诗，"竹外桃花三两枝"和"蒌蒿满地芦芽短"都是客观的环境，而形容鸭子戏水的"春江水暖鸭先知"在客观环境之外，还加入了人为的情感，即"暖"。我没有见过惠崇所绘的鸭戏图，猜测画中不一定有"河豚"，但苏东坡心怀向往地写了出来。这首七绝诗非常优美，我印象最为深刻的不是"河豚"，而是"春江水暖鸭先知"。一个水暖的"暖"字，是全诗的基调：春天来了。从生态学的角度来看，在光、温、水、气、土之中，这个"暖"，也就是"温"，是环境因子中的主导因子。也就是说，虽然生物受到的环境因子的作用是综合作用，但往往有一个因子或少数几个因子是起主导作用的。

这样的例子在古典诗词中是不胜枚举的。贺知章的《咏柳》写道："碧玉妆成一树高，万条垂下绿丝绦。不知细叶谁裁出，二月春风似剪刀。""二月春风似剪刀"，多么巧妙的比喻和令人神往的境界，这里的"风"表面上只是自然环境因子中的"气"，其实还蕴含着另外一个重要的因子："温"。只有温度升高了，春风才会和煦，柳树才会萌芽，生出细细的嫩叶来。王安石的《泊船瓜洲》："京口瓜洲一水间，钟山只隔数重山。春风又绿江南岸，明月何时照我还。"也是同样的道理："春风又绿江南岸"的春风是温暖的，它唤醒了大地，使得"几处早莺争暖树，谁家新燕啄春泥。乱花渐欲迷人眼，浅草才能没马蹄"，才能"春风得意马蹄疾，一日看尽长安花"。以上是气与温联合作为主导因子的例子。而在现实之中，更为常见的是水与温联合起来作为主导因子，也就是水热条件的总和，也就是众所周知的气候。气候不同于天气，不是几天时间内的热量和降雨，而是一年当中热量条件和降雨条件的总和。这样的水热条件就是气候，决定了一个地区的生物的生态学特征。

宋朝范成大的《夏日田园杂兴》写道："梅子金黄杏子肥，麦花雪白菜花稀。日长篱落无人过，惟有蜻蜓蛱蝶飞。五月江吴麦秀寒，移秧披絮尚衣单……今年幸甚蚕桑熟，留得黄丝织夏衣。童孙未解供耕织，也傍桑阴学种瓜……槐叶初匀日气凉，葱葱鼠耳翠成双……千顷芙蕖放棹嬉，花深迷路晚忘归。"范成大是江苏吴县人，主要生活于南宋末期，因而他的《夏日田园杂兴》应该是反映当时江南地区的农村生活，诗歌生动描绘了夏日田园充满生机的景象，这就是典型的气候作为主导因子对于生物的生态作用。

气候由水和热两方面组成，因而水和热在气候这一主导因子当中的分量就可能会有差异。以我国为例，我们都知道南北之间、东西之间，气候上存在着差异，但是南北之间温度的差异所占的比重更多一些，东西之间则是水分的差异更多一些。具体来说，西部比较干旱，而东部受到海洋性季风气候的影响比较湿润；北部比较寒冷，而南部则比较温暖。反映在作物上，东北虽然是北部，却能够种水稻，不过只能种一季，而海南岛则能种三季。动物的分布和人也一样，会受到气候的影响，在我国，我们常说"南方人和北方人"，而很少说"东方人和西方人"。

黄河远上白云间，一片孤城万仞山。羌笛何须怨杨柳，春风不度玉门关。

王之涣的"春风不度玉门关"虽然有其历史人文的因素在里面，但表面的意思非常明了：北方的气候与南方迥异。同样，"大雪满弓刀"的景象在南方地区是不会出现的。

三、生物对环境的适应

孤村落日残霞，轻烟老树寒鸦，一点飞鸿影下。青山绿水，白草红叶黄花。

白朴的词《天净沙·秋》，涉及许多生物，这些生物都是与其生活的环境相适应的。在当今生态学的范畴里，生物与环境的关系是相互的：既有环境对生物的生态作用，又有生物对环境的生态适应。如上文提到的蜀国能产荔枝，既是当地环境产生综合生态作用的结果，又是荔枝能够适应当地综合环境的结果。"种豆南山下，草盛豆苗稀。"从生态学的角度看，就是杂草比豆苗更加适应"南山下"的环境，与豆苗产生了竞争，从而使得豆苗生长不良。

宋代诗人董嗣杲的《稻花》写道：

四海张颐望岁丰，此花不与万花同。

香分天地生成里，气应阴阳子午中。

顷顷紫芒摇七月，穰穰玉糁杵西风。

雨阳时若关开落，歌壤谁摅畎亩忠。

董嗣杲是杭州人，他描写的水稻是江南地区的主要作物。"顷顷紫芒摇七月，穰穰玉糁杵西风"，说明当时栽培的水稻是单季稻，尚没有培育出当今的双季稻类型。这也是一种生态适应：当时的水稻要完成它的生活史（从播下种子到收获种子），必须适应杭州地区的气候尤其是温度条件。

如今水稻这一起源于中国的物种，被培育出许多生态型和品种。比如，在长江中下游及以南的大片区域，可以种双季水稻。其中对于双季稻来说，上半年种的是早稻，下半年种的是晚稻。

杨万里的《晓出净慈寺送林子方》也能很好地说明生物（莲）对生存环境的适应性："毕竟西湖六月中，风光不与四时同。接天莲叶无穷碧，映日荷花别样红。"

四、古代的农村是一个和谐的生态系统

在数千年的漫长岁月里，我国灿烂的文化一直根植于农业文明。农业文明的好处是人人接近大自然，产生的诗文也"接地气"，形象而生动。如屈原的《湘夫人》，全篇不到 250 个字，却提到了 20 多种植物。虽然"香草美人"比较高雅，虽然"人面桃花相映红"比较浪漫，但是古代的知识分子尤其是诗人，对于农村的吟诵也是屡见不鲜的。"绿树村边合，青山郭外斜。"可以说，我国古代的农村是一个和谐的生态系统。

陶渊明《归园田居·其一》有："开荒南野际，守拙归园田。方宅十余亩，草屋八九间。榆柳荫后檐，桃李罗堂前。暖暖远人村，依依墟里烟。狗吠深巷中，鸡鸣桑树颠。户庭无尘杂，虚室有余闲。久在樊笼里，复得返自然。"这当然是对农村和农村生活的童话般的描写，从古至今不知吸引了多少人。他在《桃花源

记》中写道："忽逢桃花林，夹岸数百步，中无杂树，芳草鲜美，落英缤纷……土地平旷，屋舍俨然，有良田美池桑竹之属。阡陌交通，鸡犬相闻。其中往来种作，男女衣着，悉如外人。黄发垂髫，并怡然自乐。"陶渊明的诗文虽然带有理想主义色彩和孤傲出世的消极倾向，但是字里行间明明白白地显示出"和谐"两字。

白居易在《村夜》中写道："独出前门望野田，月明荞麦花如雪。"陆游在《游山西村》中写道："山重水复疑无路，柳暗花明又一村。"王驾在《社日》中写道："鹅湖山下稻粱肥，豚栅鸡栖半掩扉。"王建在《雨过山村》中写道："雨里鸡鸣一两家，竹溪村路板桥斜。"翁卷在《乡村四月》中写道："绿遍山原白满川，子规声里雨如烟。"范成大在《浣溪沙·江村道中》中写道："十里西畴熟稻香，槿花篱落竹丝长，垂垂山果挂青黄。"如此美妙的吟诵农村的诗歌如天上的繁星，在历史的长河里熠熠生辉。

我相信随着社会的进步尤其是工业文明的推进，包括广大农村在内的生态系统会更加和谐，随处可见"千里莺啼绿映红，水村山郭酒旗风"。

后记

　　这本书的出版，得到了上海交通大学生物科学院张雪洪老师和张萍老师的支持，是他们鼓励我整理之前在《新民晚报》上发表过的一些作品，并撰写新的科普文章。

　　复旦大学中文系胡中行老师和《新民晚报》编辑祝鸣华老师，多年来对我的写作给予热情的指导。虽然，我经常用"国学"的方式来表达一些古典诗文中的思想与意境，但反过来，我所表达的东西就是生物多样性。

　　李蓓老师，是本书的作者之一，但她在相关的工作之外，尤其在我重度肾衰透析期间，她还在资料查询和文字编辑等工作，以及正常上课等方面给予了本人许多重要和具体的帮助。

　　上海交通大学出版社编辑张呈瑞老师，以她超高的工作效率，使此书能够顺利出版。

　　对上述人士以及关心我健康和写作的朋友们，致以真诚的感谢!

褚建君

2024 年 2 月 29 日